社区公园恢复性环境影响机制及空间优化

——以重庆市主城区为例

彭慧蕴　谭少华　著

科学出版社

北京

内 容 简 介

工作与生活压力容易使人们精神疲劳和情绪紧张，进一步威胁人的身心健康，以自然环境为主体的社区公园在促进人的精力恢复方面具有重要作用与价值。本书探讨了社区公园恢复性环境体系的构成，运用恢复性环境的概念及其相关理论基础，探索社区公园恢复性环境的影响机制，建立包括社区公园恢复性环境优化原则、优化策略的理论框架。旨在为社区公园恢复性环境相关研究探索新的思路和方法，对于改善人居环境质量，优化城市居民生活品质，提升社区公园环境的健康恢复性效应更加具有现实意义。

本书可作为高校城乡规划学、风景园林学大类专业本科生和研究生的参考书，供城乡规划、风景园林、公共健康、心理学等领域的研究人员、高校教师、博硕士研究生，以及政府相关职能部门工作人员研究参考。

图书在版编目（CIP）数据

社区公园恢复性环境影响机制及空间优化：以重庆市主城区为例 / 彭慧蕴，谭少华著. —北京：科学出版社，2020.6

ISBN 978-7-03-065198-3

Ⅰ.①社… Ⅱ.①彭… ②谭… Ⅲ.①社区—公园—环境功能区划—建筑设计—研究 Ⅳ.①TU986.2

中国版本图书馆 CIP 数据核字（2020）第 086523 号

责任编辑：冯　铂　黄　桥/责任校对：彭　映
责任印制：罗　科/封面设计：墨创文化

科学出版社 出版
北京东黄城根北街 16 号
邮政编码：100717
http://www.sciencep.com

成都锦瑞印刷有限责任公司印刷
科学出版社发行　各地新华书店经销
*

2020 年 6 月第　一　版　　开本：787×1092　1/16
2020 年 6 月第一次印刷　　印张：10 3/4
字数：260 000

定价：99.00 元
（如有印装质量问题，我社负责调换）

前　言

　　现代城市生活节奏加快、社会竞争压力加大、静坐少动等缺乏体力活动的生活方式，特别是城市高密度发展导致绿色空间与自然环境的不断减少，是引发各类人群健康问题的重要因素。这些困扰现代城市居民的健康疾病逐渐呈现扩大的态势，如不加以有效预防与控制，将严重威胁人类的生存。现代城市居民迫切需要缓解精神压力、提升体力活动水平的生活空间和场所。城市居民对健康恢复的态度是积极的，对实现恢复的需求是急迫的。城市居民的恢复需求可以通过有效环境的提供得到满足。恢复性环境能够帮助居民缓解精神压力、消除不良情绪、减少心理疲劳并恢复注意力、促进身心健康，满足恢复需求。国内外已有大量研究针对自然环境的恢复性效应展开，并认为以自然环境为主体的城市公园是城市居民接触自然环境最直接有效的恢复性场所，而社区公园作为城市居民亲近自然最直接的场所之一，为人们提供了接触自然的机会，可以极大地满足城市居民接近自然的生理需求和心理需求，是十分可贵的恢复性资源。

　　本书探讨了社区公园恢复性环境体系的构成，运用恢复性环境的概念及其相关理论基础，探索社区公园恢复性环境的影响机制，建立包括社区公园恢复性环境优化原则、优化策略的理论框架。旨在为社区公园恢复性环境相关研究探索新的思路和方法，对于改善人居环境质量，优化城市居民生活品质，提升社区公园环境的健康恢复性效应更加具有现实意义。本书探讨了社区公园恢复性环境对居民恢复性效应的影响机制，从环境与行为互动的角度，同时将个体内外因素贯穿于溯因全过程，将居民行为模式作为中介变量引入公园环境促进居民健康恢复的因果关系中，揭示出社区公园恢复性环境的内在原理。本书主要致力于实现以下两个方面的目的：第一，探索社区公园恢复性环境的影响因素及它们之间的因果关系，通过揭示社区公园恢复性环境的影响机制来研究社区公园环境特征对人群健康恢复所起的作用和影响路径；第二，探索社区公园恢复性环境空间优化的原则和策略，并建构理想化的空间模型，对规划方案的制订和空间环境的优化提供支持。

　　本书采用归纳与推理、定性与定量、理论与实证相结合的方法，以重庆市主城区为案例区，开展了三个方面的实证研究：第一，通过实地开放式问卷调查与行为观察法相结合，探究社区公园环境中居民的行为模式；第二，通过问卷调查与照片测量法、美景度评价法、因子分析法相结合，提取社区公园恢复性环境的特征因子，对社区公园恢复性物理环境特征因子进行定量化评价，确定物理环境特征因子与心理环境特征因子以及恢复性效应之间的相关关系；第三，通过结构方程模型路径分析及中介作用检验，解析社区公园环境产生恢复性效应的关键影响因素及其影响效应，构成社区公园产生恢复性影响机制的解释框架。

　　本书的研究工作得到了国家自然科学基金项目"高密度环境下城市小型公园绿地对人群心理健康的影响机制与效应研究"（编号：51808463）、国家自然科学基金项目"社区公园缓解人群精神压力的绩效及空间优化研究"（编号：51478057）以及西南科技大学博士基金项目"高密度环境下社区公共空间的恢复性效应影响机制及空间优化研究"（编号：18zx7113）的共同资助。

在本书编写过程中，科学出版社编辑同志提供了大力支持；重庆大学重庆健康环境研究组全体师生对本书的顺利成稿给予了协助；西南科技大学土木工程与建筑学院对本书的出版给予了多方面的支持。此外，为了全面、准确地反映公园恢复性环境的研究现状，在本书编写过程中引用和参考了大量的优秀文献和专著。在此一并表示最诚挚的感谢。

由于编者水平及经验不足，尽管尽了最大努力，但疏漏在所难免，敬请读者批评指正。

作　者

2020 年 4 月

目　　录

第1章 绪 论

1.1 选题背景及意义

1.1.1 选题背景

1. 社会背景：现代城市环境引发健康问题

城市环境与人群健康有着密切的关系，不健康的城市环境妨碍人群健康。首先，环境拥挤、噪声问题以及快节奏、高压力的现代城市生活是引发各类精神疾病和慢性病的重要因素，也是引发多种社会问题、影响社会生活安宁的重要原因[1,2]。同时城市的高密化发展态势导致绿色空间与自然环境的不断减少，城市居民与自然环境的关系越来越疏远，这也是引发多种精神疾病（失眠、抑郁症等）的重要外部环境[3]。2004年，中华人民共和国卫生部公布的数据显示，中国共有精神疾病患者1600万人，精神疾病在中国疾病总负担中排名首位，约占疾病总负担的20%。专家认为，人类已经从传染病时代、躯体病症时代进入了精神疾病时代，精神类疾病成为21世纪城市人群所面临最严重的健康问题[4]。虽然精神疾病不是致命性的，但会产生严重的致残和发病率，诱发多种健康问题。不容置疑，精神疾病已经成为一个突出的社会问题[5]，精神疾病产生的严重后果已严重威胁人类的生存，需要引起社会的高度关注，减缓精神疾病对人群健康和社会稳定已刻不容缓。

与此同时，城市居民的精神疾病会诱发包括肥胖症、心血管疾病、糖尿病等慢性病以及不健康的生活方式；同时城市居民伏案工作时间过长、静坐少动等缺乏体力活动的生活方式，以及公园绿地的不足、依赖机动车出行的城市环境是诱发肥胖症等慢性病的重要原因[3,6]。而慢性病的上升态势已造成严重后果，是中国城乡居民死亡的主要原因，占死亡总数的60%，并且还在逐年增加[7]。

这些困扰现代城市人群的健康疾病逐渐呈现扩大的态势[3]，人们迫切需要缓解精神压力、提升体力活动的生活空间和场所。

2. 现实背景：人们对自然环境的需求

城市化与工业化的急速发展，割裂了人们与自然的亲近关系，直接威胁了人们的身心健康。在工业繁荣富裕的表象下，是压抑灰暗的城市环境以及紧张抑郁的城市生活。人们意识到自然环境在现代城市中所处的重要位置，不仅来自于自然环境与人们生理健康的紧密联系，也是人们心理上的需求。自然环境相对于人工建筑环境而言，对增强人们身体健康、预防慢性疾病发生具有明显的促进作用[3]。城市中以自然环境为主体的城市公园是城市居民接触自然环境最直接有效的场所，也是城市居民缓解精神压力、消除不良情绪、减少心理疲劳、促进体力活动的重要场所[2]。而在城市范围内规划建设大面积公园绿地，受到土地资源匮乏等多方面限制,分散在社区内部的小型公园绿地——社区公园深入社区内部,是生活在城市的居民亲近自然就近游憩最直接的一类公园绿地,为居民提供了接触自然的机会,可以极大地满足居民接近自然的生理需求和心理需求。但目前中国对于社区公园的理论研究十分欠缺[8],对于社区公园缓解人们精神压力与疲劳恢复的研究不足。

3. 学科背景:城乡规划与公共健康关系密切

当今,环境与健康的挑战日益严重,城乡规划与公共健康专业跨领域合作显得尤为重要。一直以来,城乡规划与公共健康的关系都十分密切,公共健康和城市规划有通过利用公共政策和环境干预措施,来改善健康和生活质量的共同历史传统[9]。公共健康学科逐渐认识到减轻压力、促进社会融合和体力活动生活方式的重要性,与城乡规划学科之间的交流与融合备受关注。与此同时,现代城乡规划学科已经成为容纳多种学科(包含社会、经济、地理、人文、生态等)共同参与的综合性学科,为取得保护国民长期公共利益的最终目标,作为一种社会行为在地方、城市、区域以及国家层面上来改善国民生活质量[3, 10]。这两个学科提供了巨大的协同效应,以探索促进人群健康的城市环境为目标,对自然环境干预人群健康的各种潜在因素进行多方位多层次研究[9]。然而,尽管意识到两个学科需要结合的观点,但在城乡规划中对公共健康的观念和理念实践不足,在公共健康的理论视野中,空间维度相对薄弱,健康城市的实践项目侧重于将健康的生活习惯和社会关系作为基本的保障环节,通过一系列促进居民健康生活的公共政策议题与环境支持行动的组合,来实现人群健康的目标;而对于如何塑造促进人群健康的建成环境并未成为行动重点[11, 12]。如何精确、彻底地将健康问题融入规划和政策是个关键性的挑战[13]。

4. 人文背景:从传统物质规划迈向人本规划的需要

改革开放以来,我国的城市发展取得了巨大的成就,然而伴随着城市的快速扩张和高密度发展,不可避免地造成城市规划建设中以物质空间资源为重心,规划设计中重物不重人,很少关注人的实际需求和行为规律,包括认知和感受。当前,在倡导以人为核心的新型城镇化国家战略背景下,城乡规划学的人本思想更加重要,回到人们的日常生活,切实改善人们的生活质量和环境品质。对使用者的行为和认知进行踏实的测量、分析与解读,给予学科探索人群行为活动规律的手段。由此,从人群行为规律的视角洞察城市环境特征及问题,将城乡规划的理念真切地落实到城市空间中。

综上,当今全球精神疾病与慢性病在短时间内已呈迅猛上升态势,如不加以有效预防与控制,在不久的将来将严重威胁人类的生存,甚至会造成人类的衰亡。抗击精神疾病与慢性病发生、遏止精神疾病与慢性病早发趋势,实现医学模式由治疗为主,向预测、预防为主转变的策略与途径,已成为全人类共同面对的重要科学问题。虽然健康主要还是以个人特性和行为的内在因素决定的,精神疾病和慢性病的发生,与遗传和个体差异有关,但是,人类遗传基因的改变在短期内不可能如此迅速。从现有发展趋势上看,缺乏缓解精神压力的空间环境和场所、缺少体力活动的现代不良生活习惯和生活方式是导致各类疾病短期迅速增长的重要因素。外在环境因素部分是不容忽视的。世界卫生组织(World Health Organization, WHO)于1997年在印度尼西亚首都雅加达召开第四届全球健康促进大会,其中与健康促进相关的重点认为，健康是一项重要的投资，健康是基本人权；21 世纪健康促进的优先顺序（priorities for health promotion in the 21st century）包括提高社会对健康的责任、增加健康相关的投资、扩展及巩固社区中的伙伴关系、强化社区的能力及个人赋权（empowerment）、稳固健康促进所需的基础建设共五项。在社会竞争加剧、工作（学习）与生活压力加大的背景下，构建有效缓解人群精神压力、促进体力活动、恢复身心健康的公园环境与场所，是城乡规划和风景园林等学科需要承担并解决这一困扰全人类问题的职责。

1.1.2 提出问题

长期以来，许多学者都在考虑如何通过对物质环境的设计，诱导或改变人类的某些行为，使人们对物质环境的反应更具有一种持续性的关系，即使人们个体间以及文化上的差别会带来多种变化，但是有些研究人员仍坚持认为环境设计对人们的影响巨大。环境心理学研究证实，环境中的某些积极特征能给环境中的人群带来良好的恢复性体验，包括缓解精神压力，减少心理疲劳和不良情绪，帮助心理和生理健康问题的恢复。然而，环境对人们的积极影响不是一种简单直接的线性关系，而是包含了多种因素相互作用的复杂因果关系[14]。在理论层面，尚不完全清楚，环境如何影响健康结果以及如何采取行动以产生健康益处；在实践中，如何通过空间规划来塑造健康的城市环境，始终是一个有待解决的困难议题[11]。

恢复性环境理论证实了自然环境对缓解人群精神压力方面具有明显效果，现代城市生活对人群与自然环境的割裂，极大地影响了人们的生理与心理健康。城市公园绿地是城市居民亲密接触自然环境最有效的环境资源，伴随着国内公园建设的大规模兴起，贴近人们日常生活的城市社区级公园的研究更迫切地需要从人群健康恢复的角度出发，针对城乡规划与风景园林学科中公园环境要素定量化研究不足的现实，深入探析社区公园恢复性环境的影响机制和特征。本书尝试探索社区公园恢复性环境特征的定量化描述因子和影响机制研究模型，这也是城乡规划与风景园林学科发展需要完善的科学问题之一。

1.1.3 研究意义

本书尝试以社区公园为研究对象，从人群行为规律的视角探寻满足居民健康恢复的社区公园环境，探索社区公园恢复性环境的影响机制和特征，对于推动相关领域的研究发展，具有重要的意义和价值。

（1）为提升人居环境质量的研究提供新的视角。随着城市的高密化发展，当今城市生活的典型特征是远离自然、环境拥挤、噪声干扰以及快节奏高压力，使城市居民心理机能消耗的概率大大增加，同时引发多种健康问题。由此人们的内心往往失去平静，不良情绪增多，需要借助一定的方式来恢复。社区公园环境作为恢复性环境的有效资源，对城市居民身心健康的恢复发挥着重要的作用，也承担着重要的社会责任。本书着眼于社区公园环境的恢复性功能，对于解决当今城市人群健康问题具有现实意义，对于提升整体人居环境质量,优化城市居民生活品质,提供了新的研究视角。

(2)为社区公园恢复性环境研究进行理论和方法上的探索。近年来国内外已经开始关注公园环境对人群健康的影响和恢复功效,证实了公园环境在改善人群健康方面的重要作用与价值。然而,由于二者因果关系的复杂性以及研究分析方法的局限性,公园环境对人群健康恢复的影响因素和影响机制研究还不够深入,对社区公园规划设计缺乏相应数据和基本规律的支撑。本书通过对社区公园恢复性环境的特征及内在因果关系的研究,探索社区公园对居民健康恢复的影响机制,为社区公园恢复性环境影响机制的研究提出较为合理的方法和框架,对社区公园恢复性环境的营造提出更为科学、有效的建议,其成果可用于指导相关政策的制定,对于今后规划设计出符合人群健康恢复需求的公园提供理论依据和方法指导。

(3)加强社区公园环境对居民健康的主动式干预实现学科价值的拓展。从学科发展来看,中国国家层面的科技发展战略中提到的"普惠健康保障体系",提出我国在抗击重大疾病以及遏止精神疾病与慢性病早发趋势中,要实现医学模式由治疗为主,向预测、预防为主转变的策略与途径。作为城乡规划、风景园林和建筑学科,应该充分承担起保障公共健康的责任,通过构建积极有效的城市环境来帮助人们促进健康,将城市环境对健康的主动式干预作为规划的新思路,加强从居民身心健康恢复的方面思考城市人居环境设计。这是城乡规划、风景园林等相关学科与公共健康领域有机结合以及学科自身拓展的必然趋势。

1.2 国内外相关研究进展

1.2.1 社区公园的相关研究

1. 城市公园相关研究进展

1)国外研究

国外对城市公园的研究经历了历史研究、景观研究的关注热点之后,开始从社会学和经济学的视角出发,关注和探讨公园的价值及公园在城市社会生活中的角色与作用,关注重点从对公园实体空间的研究转向对公园社会空间特征的研究。对城市公园的研究内容主要有以下几个方面。

第一,关于公园发展史的研究。国外对于公园的理论研究,较早展开的是公园发展史的研究[15]。这方面的研究成果早期主要是针对著名景观设计师和公园设计实例的剖析。比如,有大量研究聚焦于美国景观建筑学之父奥姆斯特德(Olmsted)和他所规划设计的大量城市公园。研究者通过关注设计师本身的生活背景和思想及艺术倾向来探寻公园景观特质形成的原因,是一种景观设计和美学价值观念导向的研究。20世纪80年代开始,研究主体从设计师开始逐渐转向使用者、决策者,从公园的实体物质空间特征转向社会空间特征的研究。研究者开始意识到公园的建造可以有效控制土地利用,同时对于城市空间和景观的塑造、创建社会心理与政治秩序具有重要作用[16,17]。

第二，关于公园使用特征及使用者的研究。这方面的研究主要将认知理论、游憩理论等运用到公园的研究中。研究者从使用者的构成、偏好、行为特征等方面探讨公园的设计对使用者游憩行为的影响[18]。还有研究者将地理信息系统（geographic information system，GIS）技术应用到城市公园的研究中，对公园的可访问性和公平性进行分析[19]。

第三，关于公园的价值研究。这方面的研究是近年来比较集中的热点。公园对环境、生态、健康、社会等多个方面都有重要价值。研究者将经济学中的理论方法（如旅行费用法、享乐回归法、条件价值评估法等）运用到对公园的社会经济价值评估上[20-22]。研究者从生态学、生物学以及环境科学的视角对公园的生态环境价值进行研究。研究者还从心理学、社会学的视角对公园满足人们社交和心理上的需要，产生健康价值方面进行研究，提出了公园在缓解精神压力、鼓励社会交往方面具有的重要作用。

综上所述，国外对公园的理论研究，从对公园的历史研究、景观设计研究、实体空间研究转向社会学和经济学视角下的社会空间特征研究[23]，对公园在城市社会生活中的作用和价值进行重点关注与探讨。

2）国内研究

国内的研究者从景观生态学、园林学、旅游学等不同学科视角对公园进行了多方位的研究，取得了丰硕的成果。对城市公园的研究内容主要有以下几个方面。

第一，关于公园景观规划设计的研究。国内研究者最早开始的是基于园林学对城市公园景观规划设计的研究，这类研究的成果最为丰富。主要从城市公园景观规划设计的视角出发，对公园的设计理念和表现手法进行探讨。并针对公园的不同类型进行细化研究，例如，针对山地公园、社区公园、带状公园、郊野公园、儿童公园等进行了专门的研究。在借鉴生态学、规划学、设计学等相关学科的理论基础上，公园的规划方法也在不断创新。大多数规划设计师和学者都倡导一种尊重自然和历史的规划设计理念并在公园建设实践中演绎出多样化的实现途径和方法[23]。

第二，关于公园使用者的研究。21 世纪，国内研究者对公园使用者的研究开始逐渐增多，这些研究包括公园使用者的构成特征以及游憩行为特征研究、公园使用者的环境认知体验研究以及使用后评价、公园的可达性和服务半径研究等。

第三，关于国外公园理论的介绍和分析。国外关于城市公园理论的研究开始得较早，国内研究者对国外城市公园的规划设计案例以及理论研究进行了大量的介绍和分析。主要集中在对美国、欧洲、日本等城市公园的发展历史、设计理念、开发运作模式等的介绍和分析，对我国的公园建设具有重要的借鉴意义。

第四，关于公园生态环境的研究。国内研究者针对城市公园的自然属性，以公园内的动植物、土壤、水体等自然要素作为研究主体，对城市公园的生态环境特征、生态效应、生物多样性保护等进行相关的研究。

综上所述，国内学者对公园的理论研究，多从单一研究角度出发，比较关注公园景观规划设计和生态环境层面的研究。近几年，对于公园社会空间特征的研究逐渐兴起，成为新的研究热点。

2. 社区公园发展历史与现状

1）国外社区公园发展历史与现状

工业革命时期，城市环境的破坏导致城市问题和社会问题频发，促使人们寻找变革的方法和措施，新建的公园就是其中的措施之一。为了提高城市居民的居住和生活环境质量，相关学者提出了明日之城、邻里单位等一系列思想，保障人们拥有绿地和活动空间、卫生条件和安全条件等。其中，邻里单位思想的提出强调了城市公共与社会资源公平分享的原则，对于打破社会阶层分隔以及对后来社区公园使用功能分区与设计产生了非常重大的影响。美国社区公园出现在 1900 年左右，继游憩园时期之后进入的改良公园时期，是美国社会在改良主义思潮影响下，为了改良劳动者生活水平而进行社会工作运动的产物。这些公园位于城市内部，为公园周边的家庭服务，可以说是美国第一批真正意义的社区公园。美国社区公园从出现开始便成为公园建设的主体，为了适应社区居民随着城市发展而出现的需求变化，经过长期不断发展和完善，逐渐趋于系统化[8]（表 1.1）。

表 1.1　美国城市公园发展阶段及各阶段的社区公园发展特征[8, 24]

时期	城市公园发展阶段	城市公园发展特征	社区公园发展特征
1850~1900 年	游憩园时期 （the pleasure ground）	多坐落在城郊，以大树、草地、蜿蜒的步行路及自然主义风格的水景为特征；供所有社会群体享用；目的是希望人们通过游憩活动保持健康	社区公园初具雏形；与居住区相邻布局；提供开敞、景观优美的环境场所
1900~1930 年	改良公园时期 （the reform park）	位于城市内部；利用直线和直角构成硬质铺装、建筑和活动分区的对称布局；目的是提高劳动者的生活条件	根据使用对象进行功能分区设计；提供城市居民社交和活动的场所；娱乐休憩设施类型逐渐丰富
1930~1965 年	休闲设施时期 （the recreation facility）	规模和服务区范围增大；强调体育场地、体育器械和有组织的活动；提供各种球场、游泳池和活动场地	社区尺度的交往开始盛行；尺度变小；游憩设施功能丰富；公园设计标准化，风格单一
1965 年至今	开放空间系统 （the open system）	建立城市公园系统将小公园、游戏场和城市广场等有机联系起来	纳入城市公园系统；尺度变小，选址灵活；设计形式自由；公众参与建设；关注青少年儿童的个性需求

20 世纪 80 年代以后，欧美发达国家在城市规划方面开始探索环境的可持续发展，更加注重城市空间整合的多元化模式。英国的"城市村庄"的实质是一种社区化模式。在这种模式下，居民能够通过步行解决日常生活和工作的多种需求。同时该模式还关注了人们之间的交往，社区公园成为有吸引力和生活气息的活动场地。其他国家的社区公园建设呈现出不同的特点。日本的社区公园被称作居住区基干公园，具有数量多、规模小、可达性高、服务半径短等特点，注重为居民提供休闲、防灾、教育等功能；澳大利亚的社区公园临近居民点布置，面积通常不大，但访问量很高，是当地居民社会交流和休闲游憩的场所。新加坡城市绿色公共空间网络的建设十分突出，使新加坡发展成为环境良好的热带花园城市，这其中社区公园作为绿色公共空间网络中的重要组成部分发挥了巨大的作用。新加坡社区以高层高密度居住方式为主，社区公园成体系化建设，并配备了完善的娱乐休憩设施，

使居民对高密化住区产生了广泛认同[25]。新加坡社区公园从单纯考虑物质空间的城市碎片绿地阶段，发展到考虑人们使用需求的休闲活动场地阶段，再到考虑生态效应、人与自然和谐共处的景观协同阶段，是一个不断发现问题改进问题的动态过程（表 1.2）。

表 1.2　新加坡社区公园不同阶段的发展特征[25]

时期	社区公园发展阶段	社区公园发展特征
1960～1970 年	实用主义阶段	居住区内边角地块或修剪整齐的小块开场草坪，仅布置零星座椅和少量娱乐设施，公园单调乏味
1970～1980 年	人工美化阶段	形成层级明晰的新镇公园和小区公园，配置人工美化的娱乐运动场；缺乏本土性审美，追求高度统一，排斥个体特征
1980～1990 年	新镇三级模式阶段	第三级微观层次的邻里公园广泛建设；新镇公园面积增大，景观设计追求创新与特色，激发社区活力；自然环境特征整合进公园设计
1990～2000 年	绿色网络阶段	建设公园连接道系统，增进绿色空间的可达性；绿道沿线密植本地植物；在居住区形成小范围的环线
2000 年至今	景观协同阶段	运用土壤生物工程技术，对土壤的基础功能和美学生态学效益得到兼顾；公园设计关注生物多样性；设立亲近并了解自然的场地和活动，增进公众对自然环境的了解和情感

2）国内社区公园发展历史与现状

我国城市社区公园的建设始于 20 世纪 50 年代，以居住区配套项目进行建设发展，在这个时期居住区以满足居民的住房要求为首要目标，因此作为居住区配套项目的社区公园建设相对滞后，导致在这个阶段的社区公园发展十分缓慢[26]。改革开放初期，城市各项建设有效而迅速地开展，社区及公建配套设施建设发展迅速，但社区公园的建设仅是对前期模式的延续，并未成为这一时期社区建设的主体。这一时期社区公园受规划用地的限制，数量和面积较少且分布不均匀，一般建在工人新村内，面积一般控制在 4hm² 以下；能够满足社区居民的文化休憩需求，注重功能分区和景区划分；规划设计个性化不足。

20 世纪 90 年代后，伴随着城市化进程的加快，房地产业得到迅猛发展，居住区建设成为城市建设的主体。伴随着这一时期居住区的发展，社区公园的建设规模也得到了扩大。社区公园与居住区的结合更加密切，在公园环境设计上重视提高物种的多样性和群落的自然性；休闲活动设施更为多样化和现代化；更加注重挖掘现代文化的精神要素。

当今中国许多小区属于封闭式管理，社区中的小区游园公共性和共享性较差，得不到充分的利用。也导致小区游园与城市生活割裂，未能提供有效的社区交往空间。大型居住区公园建设也呈现出分布不均、可达性较差等问题。老城区的社区公园出现严重缺失的现象。但是，在《中共中央 国务院关于进一步加强城市规划建设管理工作的若干意见》中提出，我国新建住宅要推广街区制，原则上不再建设封闭住宅小区，已建成的住宅小区和单位大院要逐步打开。此意见的提出强化了公共绿地服务居民日常生活的功能，使居民能够更加亲密地接触绿地。根据此意见，未来小区游园也将逐步向公众开放，我国社区公园的建设将会慢慢崛起，越来越受到重视。

3. 社区公园当前研究课题

1996 年，在伊斯坦布尔召开了"联合国第二次人类居住大会"，会议中对城市开放空间与住区的可持续发展进行了深刻的讨论，会议通过的《人居环境议程》影响深远。西方国家一直致力于包括社区公园在内的城市开放空间与社区发展的相关研究，而中国对于社区公园的理论研究还比较欠缺。通过对近年来国内外关于社区公园文献研究课题的梳理，可以总结出社区公园当前研究课题主要集中在以下几个方面，这些方面对于推断我国社区公园发展将会遇到的挑战和研究方向具有指导意义[8]。

（1）促进步行的社区公园环境。现代城市生活环境导致人们出行依靠机动车为主，多坐少动的不健康生活方式使城市人群的慢性疾病呈现盛行趋势，抗击慢性病对人群健康和社会的危害刻不容缓。促进人们步行出行是改善人群身体健康、有效扼制慢性疾病的举措之一；构建吸引人们积极主动步行出行的社区环境是辅助战胜这些慢性病的重要途径。近年来，国内外广泛开展了步行环境特征与步行行为研究，国外学者展开了社区公园步行可达性的研究，探讨步行到访公园的影响因素[27]。同时，非常重视对儿童和青少年步行到访社区公园的提升研究，对于增加儿童和青少年在场地内的体育锻炼展开深入探究。

（2）促进居民健康的社区公园环境。公园促进人群健康已成为当今科学领域的热点，而且从理论、方法及实证研究上都做了大量工作，并取得了许多研究成果与进展。国内外学者对社区公园与居民健康关系方面开展了大量的研究。研究居民健康的维度主要体现在促进体力活动，缓解精神压力，疲劳和注意力恢复，增加社会交往这几个方面。对于社区公园影响居民健康因素进行了探究。国外学者十分关注营造适宜的社区公园环境来促进儿童和青少年的体力活动，以降低日益增高的肥胖率。另外，国外学者对于贫困人群、不同种族的公园资源分配不均、设施分布不均、健康状况差异较大的问题展开了多项研究，提出了社区公园绿地的均衡分布以消除环境和健康的不平等现象[28]。

（3）社区公园环境与游憩设施的安全性。国外学者针对社区公园游憩设施与意外受伤之间的关系做了大量研究，发现游憩设施的合理布局和设计能够减少不安全因素与受伤的发生率。为了既满足儿童和青少年参与户外冒险活动、增进体育锻炼，又保证户外活动的安全性，该方向在近几年都受到了大量关注。另外，国内外学者通过大量社会学调研，对社区公园环境的安全性进行了多方面研究。

通过对社区公园当前研究课题的梳理，可以发现当前对社区公园的研究与居民的生活品质结合密切。社区公园的核心功能是服务于社区居民，有着极大的社会性作用，因而社区公园的研究对居民的健康问题进行了全面关注[8]。

1.2.2　恢复性环境的相关研究

1. 恢复性环境的相关研究进展

恢复性环境研究成果主要有三个方向，城市建筑环境和自然环境恢复性感知的比较、恢复性体验与环境偏好的关系、社会特征对恢复性环境感知的影响[29]。①城市建筑环境和自然环境恢复性感知的比较是恢复性环境研究的最主要方向，虽然在所有的环境中都能不同程度地体验到恢复性环境理论中所提出的恢复性环境的感知特征,但是这些恢复性特征最可能在自然环境中体验到,自然环境比城市或建筑环境具有更高的恢复性效果,目前大部分研究集中在对自然环境的恢复性功效探讨上;②恢复性体验与环境偏好的关系同样是恢复性环境研究的热点,恢复性感知和环境偏好之间存在着相关关系,恢复性感知显著地影响环境偏好;③恢复性环境感知研究开始关注社会特征(social context)对恢复性环境感知的影响,自然环境、社会特征和行为共同影响恢复性环境体验,自然环境、社会特征和行为方式间的特定组配决定了恢复性体验。

通过实证研究取得的恢复性感知相关的成果主要有以下三个方面。

(1)生理表现(physiological performance)。根据实验法测量生理指标变化,实验结果表明,个体在生理上的恢复是迅速的,在4分钟以内开始影响生理反应[30],较短时间内达到生理恢复。而有实验发现在自然或城市环境中散步10分钟后的血压或者心率没有显著变化[31],说明个体在短时间内达到生理恢复后,更长时间里这种效应将会减弱至消失。

(2)情绪表现(emotional performance)。根据实验法测量心理指标变化,个体对环境的情绪反应慢于生理反应,在10~15分钟开始影响情绪表现[32]。关于自然环境提高积极情绪、城市环境增加消极情绪的观点,研究者也进行了验证。实验结果表明,高恢复性的自然图片让被试者对"高兴"这种正面情绪的再认知速度加快,而恢复性相对较低的城市环境图片让被试者对"生气"这种负面情绪的再认知速度加快[33]。自然环境能够提高被试者的积极情绪,城市环境则增加被试者的消极情绪[34];研究还发现,恢复性质量较低的环境会增加个体的消极情绪,恢复性质量达到中等水平就可以相应提高个体的积极情绪,而达到某一个特定程度后,环境恢复性质量的再提高,并不会继续提高被试者的积极情绪[35, 36]。

(3)注意表现(attention performance)。研究者使用内克尔立方体模式控制任务发现,环境中注意的变化更多归于城市环境中表现变差[37]。在注意力恢复实验中,被试者观看恢复性环境图片的时间长于非恢复性环境图片,在同样15秒的观看时间下,被试者在观看恢复性环境图片的反应快于观看非恢复性环境图片[38]。真实环境中的实验表明,注意表现和生理表现的变化过程不一致,但注意表现和情绪表现呈正相关关系[37]。个体在环境中注意水平发生变化,表现为自然环境中个体的注意表现好,而城市环境中注意表现差。

2. 康复景观的研究进展

康复性景观是与治疗或康复相关的景观类型,将治愈功能融入景观环境中,是那些与治疗或康复相关的物质的、心理的和社会的环境所包含的场所,能使人们感到安全,减少压力,以达到身心与精神的康复。本书引入康复景观的部分理念作为对恢复性环境理论范畴的扩展。西方的研究学者很早就开始进行康复性景观的研究,将理论与实践相结合推进,不断发展与完善,促进康复景观的协会开展了大量的康复景观研究和实践活动(表1.3)。各个国家也开展了康复性景观的实际项目,主要存在于医院、疗养院等医疗机构。近年来,康复性景观已逐渐突破医疗机构附属绿地的范围,向更为广泛的公园发展。

表 1.3　各国康复景观协会的发展与研究[39]

各国协会	发展与研究
美国风景园林师协会（ASLA）	针对康复园林规划设计采取新的举措；吸纳关注康复园林的合作者；建立康复性景观的数据库
美国园艺疗法协会（AHTA）	旨在园艺疗法的研究与推广；提供对园艺疗法的介绍和培训方面的信息
英国园艺疗法协会（HT）	鼓励老年与残障人士参与社交活动；在社区推广园艺疗法和园艺活动
澳大利亚残障人士园艺学会（Gardening for the Disabled Society）	研究包括园艺治疗、医疗保健设施、社区景观、社会工作、康乐治疗等方面
澳大利亚新南威尔士州园艺疗法学会（Gardening of NSW Landscape Architects）	通过培植植物与后期养护，完善了康复园艺的方法，推广园艺景观疗法的志愿服务
澳大利亚维多利亚园艺疗法协会（HTAV）	主要进行康复景观的数据库的创建与整理
澳大利亚园艺疗法协会（AHTA）	治疗模式是以推广园艺疗法来营造城市居住者健康的生活环境
加拿大园艺治疗协会（CHTA）	旨在促进园艺疗法在加拿大的推广；建立健全园艺疗法的教育体系；对园艺治疗及有治疗效果的园艺提供教育指导

1.2.3　公园与恢复性环境的结合

1. 公园环境与人群健康恢复关系的研究

1）国外研究

越来越多的研究指出，城市公园是促进人群健康恢复的重要资源[40]。国外对城市公园促进人群健康恢复的研究主要针对自然环境的健康促进效应展开，并认为城市中以自然环境为主体的城市公园是城市居民接触自然环境最直接有效的场所[2]。

（1）自然环境对人群健康恢复的影响。大量研究证明了良好的自然环境对于改善城市人群的健康状况，促进人们生理和心理的健康具有重要意义。国外关于自然环境对身心健康关系的影响从 20 世纪 70 年代开始便出现了大量的文献研究，其中关于恢复性环境最重要的理论来自于乌尔里希（Ulrich）提出的心理进化理论（psychoevolutionary theory）、压力缓解理论（stress reduction theory）和卡普兰（Kaplan）夫妇的注意力恢复理论（attention restoration theory），理论从不同角度阐释了自然环境在对缓解精神压力等方面的作用及机理，证实了自然环境对缓解人群精神压力方面具有明显效果[41-43]。乌尔里希等提出康复花园（healing garden）的概念，强调了自然环境对人们疾病的治疗与康复功能，对心理和精神健康产生积极的影响[41, 44, 45]。

大量研究从自然环境的类别对健康功效出发，证实自然环境相较于城市环境具有更好的恢复性效果，以绿色植物为主导的自然场景具有降低压力、改善情绪和注意力、降低血压的效应，在自然环境中存在较低的恐惧和愤怒，同时在自然场景附近的居民心理疲劳水平低[46]。综合国外实验和调查研究，城市自然环境在对减轻精神压力、缓解疲劳、增加社区感等方面都具有全面促进作用。

（2）公园环境特征对人群健康恢复的影响。公园环境是城市中与人们接触密切的自然环境载体，国外学者针对公园环境对人群健康恢复的影响也进行了大量的研究。居住在公园附近以及经常访问公园的居民具有相对较低的心理压力，并且更容易集中注意力[47,48]。缓解精神压力和注意力恢复是公园环境与人群健康之间关系的关键性作用机制[49]。调查研究显示访问公园的人群中几乎所有的人都认为在公园环境中休憩具有改善心情的积极影响[6]。格兰（Grahn）等在瑞典九个城市中进行市民健康状况与公园使用情况的调查，抽查结果表明经常访问公园，并在公园停留时间更长的市民精神状况更好，情绪也更为稳定，罹患精神疾病的概率更低[47]。威尔基（Wilkie）和克劳斯顿（Clouston）通过对比试验发现在城市公园环境的恢复体验与在自然环境中的恢复性效果类似，而在城市街道环境中恢复性效果较差[50]。

公园对人群健康恢复作用，与公园环境特征密切相关。科尔佩拉（Korpela）等建立了不同类型环境与恢复性效应的相关因素模型，模型显示恢复性效应最高的环境是自然环境，水景其次，而运动和活动环境的恢复性效应最差[51]。格兰和斯蒂格斯多特（Stigsdotter）在公园中提炼出八种环境感知维度，其中最受居民喜爱的维度是空间平静度，其次是空间的自然性和物种丰富等，其中自然性和庇护是对压力缓解最为有效的维度[40]。对于小型城市公园绿地（0.5hm² 以下）的研究发现，最小的公园也可能会产生很高的恢复性效果[52]，社交性、平静度和自然性对于精神压力的缓解具有重要作用[53]。另外，公园环境对健康恢复的影响，包括对体力活动的促进作用，主要通过公园的功能、维护条件、可达性、美观性、安全性和政策管理这六个方面的因素产生影响[54,55]。公园的规模和类型与人群健康是相关的[56]，大规模的公园对促进体力活动更有吸引力[57,58]，但也有研究表明一些人会选择穿越较小规模的公园去上班或购物[59]。

公园的环境景观特征（如自然景观、设施、环境感知等）影响人们对公园的使用效果，从而产生不同的健康结果[60,61]。自然景观（如草坪、乔灌木和水体）是公园产生恢复性效果的重要因子[52,62,63]。公园产生恢复性效果与公园自然景观的种类、数量和布局密切相关[64]，不同植被类型和绿化种植会对人们产生不同的体验效果[65]，并促进社交活动[66]。天然的声音，如水声及鸟鸣可以转移噪声并促进精神压力的恢复[67]。树墙可以阻隔噪声，风吹过树叶时产生的白噪声也可以降低噪声并舒缓压力[68,69]。设施方面，有研究指出缺乏遮阴，不舒适的座椅将显著减少人们访问公园的持续时间和频率[70]，朝向自然景观的座椅更有利于产生恢复性效果[66]。运动设施的数量与公园内体力活动呈正相关[56]。环境感知是人们对公园环境的主观感受，研究认为私密性强、氛围安静的环境感知能让人们更好地进行休息、阅读、观赏植物等缓解精神压力、提升情绪的活动[66]。

（3）公园环境相关要素对人群健康恢复的影响。研究者对公园环境的恢复性效应进行了不同角度的探索研究，人口学特征（如年龄、性别、地域、职业、身体状况、文化程度、家庭特征、收入情况、生活习惯等）与公园的访问显著关联，对于居民访问公园有驱动或制约影响，是影响公园环境恢复性效应的重要因素[42]。研究中年龄差距的影响是显著的[61,71]，如有研究指出年轻群体和年老群体相对于中年人对公园的访问更加积极，其原因可能是中年人花更多的时间在工作上[61]。其他因素（如运动偏好、健康状况、心理状态等）也与年龄相关[59]，从而影响人们对公园的不同使用。大量研究证明性别的影响也是显著的，不同性别的人在生活方式和运动偏好方面都有不同[71-73]。有研究指出女性比男性更加积极地访问公园，这反映了女性更愿意花时间参与社区活动，并使用公园来促进健康[61]。家庭特征也是重要的影响因素,如有幼儿的家庭访问公园的可能性大[61],有狗的家庭会更多地使用公园促进体力活动水平[74, 75]。也有研究得出了不同的观点,如有研究表明老年人和妇女受到安全问题、缺乏陪伴和身体状况不佳的约束,较少访问公园[76],这是由于其他变量的差异导致结果的不同。人口学特征的其他因素对于居民访问公园都有驱动或制约影响,在研究中需要提炼出来加以分析。

生活环境是与居民生活密切相关的各种自然环境和社会环境的总体,潜在的生活环境因素对居民访问社区公园促进健康的影响是不容忽视的。生活环境因素(如自然因素、历史文化因素)是公园布局上的条件性因素,影响公园的选址和类型[77]。研究发现,气候和季节与居民访问公园并进行体力活动之间存在较强的相关性,如强烈的日光和极端天气下,居民在公园中的活动受到干扰[78]。可达性因素(通常包括距离、时间、出行花费等)被视为人群访问公园的重要因素[49, 79, 80],很多研究证明了公园的可达性与促进体力活动相关[81, 82],拥有良好可达性的公园能促进居民的步行[83]。居民对公园的访问频率呈现明显的距离衰退现象[84],即行程时间越长,居民访问公园的频率就越低。距离增加会导致城市绿地访问减少,从而减少了促进健康的机会[53]。安全性因素主要包括居民的主观感受以及客观安全(如犯罪率),这将影响居民对公园的访问[54]。经济水平和政府政策涉及公园的建设、管理和维护等方面[54, 77]。文化因素和社区氛围的影响虽然很难进行量化,但是它们影响了居民对于环境和健康的认知,以及居民访问公园的动机[59]。国外学者发现居民与公园的距离对健康有影响,如果能拥有较近且多的可用绿地资源,就能够缓解心理压力并降低肥胖指数,有效改善居民的健康状况;另外,公园的距离和使用频率与心理压力和肥胖指数都有关[49]。

2)国内研究

国内对于公园对人群健康恢复方面的研究,主要以关注自然环境的生态效益为主,包括大量从生态学视角探讨城市绿地与人群健康关系的研究。同时,在自然环境破坏、环境问题恶化之后,国内出现大量针对"健康城市"的研究。对于城市公园的研究较多从绿地系统研究、绿地指标、规划原则及技术与园林植物着手进行,并且大多以强调自然环境的生态功能为主。对于公园对人群的健康影响方面的研究,主要关注自然环境的生态效益在促进人们身体健康方面的作用,通过提高城市绿地率、植物改善小气候以及植物吸收粉尘等有助于对人们的生理健康的改善,同时,给人以宁静、舒坦、精神振奋的感觉从而增进心理健康[85]。

国内关于公园恢复性环境研究开始的时间较晚,尚处于起步阶段。近年来,谭少华等通过在我国公园中的实证研究证实了恢复性环境理论中注意力恢复理论和压力缓解理论的主要论点[86],论证了自然环境在人群健康恢复作用上优于城市环境,具有积极促进作用,同时从城市公园的社会性功能方面探讨了公园环境对人群身心健康的促进作用,能够缓解人们的精神压力、增强人们的精神健康、促进人们的社会交流[87],提出城市规划与设计应着力加强自然环境对人群健康影响方面的思考。徐磊青对高密度背景下城市绿色空间的恢复性价值进行研究,集中对社区绿地、康复花园和建筑环境在减压及注意力恢复方面的分析,认为在高密度城市中,应该将恢复性环境与积极生活相结合,并且与积极的社会交往相结合,构建有利于健康生活的环境[50]。姜斌等针对城市绿色景观对人们健康及福祉的影响的探讨,提出了一个简明的理论框架和一系列有待研究的重要问题[88]。章俊华和刘玮、李树华和张文秀在园艺疗法促进人群身心健康方面做了有益探索,提出了在中国实施园艺疗法的思路[89, 90]。杨欢和刘滨谊从中医中人与自然的联系提出了康复花园设计的原则[91]。房城等对城市绿地与人们生理健康、心理健康的关系分别做了详细的研究,分析了城市绿地的生态效应和对人们的保健效应[92]。应君对城市绿地的健康作用进行了分析总结,包含了改善生态环境、促进人群生理和心理健康的功效,并基于健康的视角探讨了城市绿地的设计方法[93]。大量研究表明,社区公园的植物能有效地舒缓压力,而植栽的体量与植物种类是发挥植物舒缓作用的主要因子。

2. 公园环境对人群健康恢复影响机制的相关研究

城市公园环境与人群健康恢复的因果关系十分复杂,是诸多相互关联而又各异的影响因子共同作用的结果[69],因此部分学者在分析公园环境促进人群健康恢复相关方面的影响因子时,意识到应对其健康影响机制进行深入探析,要建立一个科学系统的概念模型或研究框架。贝迪莫·让(Bedimo-Rung)等针对公园与行为(体力活动)之间的关系提出的概念模型认为[54]:公园和使用人群的特征为自变量,公园内的活动和游览为因变量;公园六个类别的特征(功能、条件、可达性、安全性、美学和政策)作为影响因子作用于四个区域(活动区、配套区、整体园区和周边区域),从而促进公园内的体力活动水平。该模型强调通过公园环境特征因子的设计鼓励体力活动,从而促进个人健康。萨利斯(Sallis)等提出了五阶段研究框架[94]:①建立行为和健康之间的联系;②制定行为的衡量措施;③确定行为的影响;④探讨改变行为的干预措施;⑤转换并进行实践研究。该框架为公园与行为(体力活动)之间的关联性影响因素研究提供了可操作的措施。科尔佩拉等在研究中以 10 个自变量(包括使用喜欢地方的持续时间和频率、自然体验的个人背景、经济因素、生活满意度和社会关系等)和因变量(恢复性效应)建立模型,研究发现,不同的变量与不同喜好环境(自然区域、建成绿地、水边环境、运动和活动/爱好区域、室内和室外城市地区)的恢复体验相关[51]。拉霍维奇(Lachowicz)等比较系统地研究了公园促进健康的影响机制,在前人研究基础上总结了一个相对全面的研究框架[59],该框架提出公园与身心健康之间关联性的影响因素有人口特征、生活情境、绿色空间特征和气候特征等,并对这些影响因素的作用进行了概述,同时提出了公园内的使用活动起到了公园与健康因果关系的中介作用,对于公园环境健康影响机制的研究奠定了理论基础。

1.2.4　公园与使用者行为的结合

国内外有很多学者对公园场地与使用者行为的关系进行了深入研究。国外对人与环境空间关系的环境行为学研究及其在公园环境中的应用研究已经比较深入,理论体系也比较完善。研究成果集中在人与景观环境的相互影响关系和环境行为学的实际应用两方面[95,96]。拉普卜特（Rapopot）主要从"人—环境"的角度研究环境的意义，认为影响人们行为的是社会场合，而提供线索的却是物质环境，倡导景观艺术设计为人类服务，考虑到人的心理需求，从人的利用角度出发设计环境的理念被广泛认可，反映了人们希望景观设计作品能够服务大众，更加经济实用，贴近生活，满足人们心理需求的热切愿望[97]。日本的西出和彦(Kazuhiko Nishide)从人的心理需求出发，探讨在多种情况下空间和人的行为之间的关系，通过实验研究场地与人的行为关系，提出了相关的场地设计理论[98]。美国的格博斯特（Gobster）从环境知觉和行为心理学角度讨论了芝加哥的社区公园体系，指出人们在户外会选择有利于自己游憩行为展开的环境，社区公园中的区位、使用者、使用方式和使用频率等因素会影响使用模式、使用偏好及知觉感知[99]。美国的拉特利奇（Rutledge）认为设计师应该从人的行为心理角度出发来设计公园，对公园中的景点、道路、植物及坐憩设施设计进行了分析，认为公园每个设施的位置及朝向都应根据人的心理需求合理安排，他还指出公园中一些不定性的活动（如发呆、驻足等）虽然零散发生，却是一个公园使用效果评判的重要因素[15]。芭芭拉（Barbara）利用 GIS 技术和行为注记法对欧洲两个城市的公园公共活动广场的游人行为进行研究，发现被动行为的发生多依靠地标物以及存在边界效应，并且这些行为者与主动行为者间存在一定的公共距离[100]。国外研究成果的共性在于以人为研究主体，从人的行为活动角度出发来探寻空间环境的设计和营造方法。

国内在公园设计方面的行为学研究起步较晚，目前与公园设计相关的行为心理学理论著作较少，研究文献多引自国外专著或对已有成果的改进和借鉴。主要研究成果集中在对特定人群的公园利用和特殊公园类型的研究，以及基于人群行为的公园空间研究。大量研究基于公园的实地调研，对公园使用者的行为活动进行分析，探讨公园环境与行为互动的关系。

1.2.5　研究公园与恢复性环境的方法

公园环境要素复杂、功能丰富，研究方法也比较多样化。并且公园环境与健康关系的研究在多学科间展开，针对各自学科研究视角各有侧重点。目前公园与恢复性环境相关的研究方法可以归纳为以下几种。

（1）观察法。在日常生活的条件下，有目的、有计划地通过观察和记录被试者的外部表现来了解被试者心理活动的方法，包括对被试者行为表现、语言表现、表情表现和动作表现等的观察和记录。通过观察法，有学者观察到使用高自然属性操场的学生比使用低自然属性操场的更少生病且更少有注意力的问题，并且有更好的运动能力[101]。哈蒂格（Hartig）通过对学生宿舍窗户外的环境观察，发现宿舍在窗户外有更优美自然环境的学生注意力更加集中[102]。

（2）实验法。实验法包括实验室实验法和自然实验法两种形式，主要从生理指标、心理指标、行为改善这三个方面对环境的恢复性效应进行评估，把科学研究与生活实践紧密地联系起来，研究者通常对影响媒体、彩色照片或幻灯片、彩色视频、窗外景观等进行测量，实验得出的数据和材料较符合实际，因此具有积极的现实意义。如有学者通过实验法研究居住环境中绿化状况的差异性对居民心理健康的影响[103]，以及通过实验法做的绿视率与疲劳的研究[104]。让被试者观看某种类型的环境图片（自然环境/城市环境）可得到：生理指标——持续测量他们的生理变化（如血压、心率、皮电、肌电等）；心理指标——主要通过情绪状态剖面问卷（profile of mood state，POMS）以及简明情感状态问卷（zuckerman inventory of personal reactions，ZIPERS）获得；行为改善——被试者在引入压力前后行为变化和面对环境改变前后的行为变化。在实际操作当中，实验法得到不断的改进和完善，同时取得初步的量化结论。

（3）问卷法。问卷法是采用调查问卷的方式来研究受访者的心理活动。研究者针对研究目的和研究内容制作问卷调查表，受访者针对问卷提出的问题进行回答，最后研究者对回收的问卷进行整理分析。通过问卷调查表可以获得受访者对恢复效果的自我感受和评价[46]。在自然环境健康功效的问卷数据获取方式中，最常用的是量表调查法。该方法简单易用，无须使用仪器，结果统计分析方便。大部分量表调查所采用的测量问卷来自于学者哈蒂格、科尔佩拉、埃文斯（Evans）和加尔林（Gärling）在 1996 年编制的感知恢复性量表（perceived restorative scale，PRS）。PRS 的编制以注意力恢复理论为基础，在恢复性环境测量的领域中被广泛使用[105]。PRS 从卡普兰夫妇在注意力恢复理论中总结出的恢复性环境特征距离感、延展性、魅力性、相容性这四个维度进行评估。PRS 得分值越高说明恢复性效应越好。其后的研究中，不同地区的研究者采用 PRS 进行研究，同时对该量表进行修订，综合其他量表进行综合设计。韩可宗于 2003 年的研究中编制了自评恢复量表（selfrating restoration scale，SRRS），该量表基于注意力恢复理论和压力减少理论，测量了情绪、生理、认知和行为四个维度，进一步推动了恢复性环境量表的发展[106]。

1.2.6 研究评述与启示

由前面国内外研究现状的综述可以看出，公园环境在促进人群健康恢复方面已成为当今科学领域的研究热点，而且从理论、方法及实证研究上都做了大量工作，并取得了许多研究成果与进展。证实了公园环境在提升人居环境质量、改善人群身心健康方面具有重要的研究价值，从城乡规划、风景园林学科方面关注公园环境的健康功效，是学科发展的必然趋势[3]。虽然公园环境具有健康恢复作用这一观点已得到广泛认可，但仍缺乏成熟的研究成果来支持[107]，过分依赖经验和常识，缺乏对公园环境健康恢复性效应的深入考量[88]。研究主要侧重在促进城市生态和环境功能方面，以及公园整体环境对人群健康的恢复性价值方面。在公园环境层面的研究大多是进行宏观层次的环境差异比较，对公园环境构成要素的恢复性效应和基本规律研究还很缺乏，未在整体研究中有完整结构或者模式建立。对于影响因素和影响机制研究不足，是当前研究停留在公园整体层面而难以深化的主要原因，也是制约深入剖析相关问题的主要瓶颈，公园环境要素的刺激如何连接到人群恢复性效应，以及通过何种途径影响人群恢复性效应，并未有很明确的探究，因此不能有效地指导公园的规划与设计。

1.3　相关概念解释

1.3.1　社区公园

1. 公园

公园的现代概念首先出现在国外景观学家劳里（Laurie）的《19 世纪自然与城市规划》一书中，将其作为工业城市中的一种自然回归。瑞典景观建筑师布洛姆（Blom）强调了公园的基本属性：公园要有大量的植被覆盖，是自然的空间，同时是民主的。我国的一些规范标准对公园也进行了定义，虽然公园的概念和定义没有统一的说法，但根据国内外学者以及相关规范标准，可以看出公园具备以下几个特点：①自然性，公园是自然环境的载体，需要有一定的植被覆盖，为有人亲近自然提供可能；②游憩性，公园的主要目的是提供休闲娱乐的场所和设施；③可达性，公园应处于服务对象便捷出行的范围内；④公共性，公园应供本地居民或外来游客使用；⑤防灾减灾性；⑥多重价值性，公园对城市具有多方面的价值，有生态环境上的、历史文化上的和社会经济上的。

2. 社区

社区（community）这一词汇，最早起源于拉丁语，意为亲密友好的关系或共同的东西。德国社会学家滕尼斯（Tonnies）首次将社区的概念用于社会学的研究范畴。他认为社区是在一定地域内将人们紧密地联系在一起，具有共同价值趋向的同质人口组成的关系亲密、富有人情味的社会团体[108]。这一概念很快成为社会学的主要概念。1933 年燕京大学社会学系的学生费孝通首次将 community 一词翻译成为中文"社区"，这一概念被引入中国并成为中国社会学的通用语。我国民政部于 1999 年全面开展社区建设，指出社区是聚居在一定地域范围内的人们所组成的社会生活共同体。综合不同领域学者对社区的看法，基本都认同社区包含以下要素：①一定数量和质量的人口；②一定的地域条件，即该地区人口的主要活动大都集中在某一特定地域里；③有满足居民物质和精神需求的各种生活服务设施；④居民具有地缘意识或某些集体的意识和行动。

随着城乡规划理论与相关学科相互渗透发展，社区的概念被引入城乡规划中。社区的概念与居住区的概念相似但有区别，社区是个历史范畴，居住区与居住小区（组团）更倾向于对地域范围的强调，而社区更强调在一定地域范围内所形成相互关联的社会群体或社会组织，更加关注空间环境中的各种社会关系与社会活动等，属于社会学中的概念。

3. 社区公园

不同国家关于社区公园的概念有所不同，但在内容和形式上均有一定的相似性。加拿大安大略省的社区公园体系包括了社区公园（community park）、邻里公园（neighborhood park）以及游戏场（playground）三个层次；日本的社区公园被称作"居住基干公园"，分为地区公园、邻里公园及儿童公园三级；克兰茨（Cranz）认为，社区公园的建设是为了满足社区居民对物质和精神健康的需求，是供人们消磨休闲时光的公共开放空间[24]。

根据我国《城市绿地分类标准》（CJJ/T 85—2017），社区公园属于公园绿地的中类，被定义为用地独立，具有基本的游憩和服务设施，主要为一定社区范围内居民就近开展日常休闲活动服务的绿地，规模宜大于 1hm²。在《中共中央国务院关于进一步加强城市规划建设管理工作的若干意见》中提出在我国建设住宅新区要积极推广街区制，避免建设封闭式住宅小区，对于已修建成的住宅小区要逐步打开。此意见的提出强化了公共绿地服务居民日常生活的功能，使居民能够更加亲密地接触绿地。根据此意见，未来小区游园也将逐步向公众开放。《重庆市社区公园建设管理办法（试行）》中对社区公园的定义是"公益性的城市基础设施，为一定居住用地范围内的居民服务，具有一定活动内容和设施的集中绿地，包含居住区公园、小区游园、街旁绿地及居住区（小）绿点"。

在以上讨论基础上，本书对社区公园的概念界定如下。

（1）为城市公园绿地的组成部分。

（2）主要为一定居住用地范围内的居民服务，具有开放性和共享性。

（3）具有一定活动内容和设施的集中绿地，具有明显的自然环境属性。

（4）规模一般在 400m² 以上。

1.3.2　恢复性环境

（1）恢复性环境（restorative environment）。恢复性环境的概念最早由美国密歇根大学的心理学教授卡普兰和塔尔博特（Talbot）在 1983 年提出，他们通过考察野外环境的恢复功能，经过两周的野外生活发现了野外环境对心理的影响作用，并对多数人有恢复性功能。由此提出了恢复性环境的概念，将其定义为"能使人们更好地从心理疲劳以及和压力相伴随的消极情绪中恢复过来的环境"。哈蒂格在 2001 年对恢复的定义进一步阐释为"重新获得在适应外界环境过程中被损耗的生理、心理和社会能力"[37, 109, 110]。

（2）康复性景观（healing landscape）。康复性景观的概念中，景观是核心名词，康复是形容词，区别于其他的景观，是具有康复性质的景观。康复性景观是将治愈功能融入景观环境中，是与治疗和康复相关的景观类型，能使人们感到安全、减少压力，以达到身心与精神的康复。康复性景观涉及康复医学、环境心理学、风景园林学、色彩学等学科。康复性景观的概念包含了对景观性质和功能定位的内容。判断一个康复性景观的关键，在于其是否具有治愈功能或者对大多数使用者产生健康效益。

（3）恢复性环境与康复性景观的差异。恢复性环境主要针对人群的心理，涵盖范围更加广泛，如公园、山川、河流、树林、游乐场、博物馆、教堂、寺庙等都可能是恢复性环境。康复性景观的范围界定在景观范畴中，与恢复性环境相比，仅包含与自然环境紧密相关的绿地、公园、风景区等。此外，康复性景观除关注自然环境对于人群心理的影响外，还注重自然元素对人体的保健作用，如植物的生态功能可以减少细菌病毒的数量，水体能够产生负氧离子等，促进人群生理健康。

（4）本书对恢复性环境概念的界定。本书所研究的恢复性环境，主要是基于卡普兰提出的恢复性环境的概念，并融入康复性景观的部分理论内涵，以丰富恢复性环境的理论范畴。概念界定为"能够帮助人们缓解精神压力、消除不良情绪、减少心理疲劳并恢复注意力、促进人群身心健康恢复的环境"。恢复性环境涵盖范围很广，本书主要是研究社区公园的恢复性环境。

1.3.3 影响机制

机制一词来源于希腊文 mechane，指的是机器的构造和动作原理[111]。在当今的科学研究中，广泛应用于自然现象和社会现象，其内涵逐渐引申为"有机体的构造、功能和相互关系；一个工作系统内部组织和运行变化的规律以及组织和部分之间相互作用的方式与过程"。对于机制的概念界定，不同研究领域的学者在描述上有所区别，但基本认同也最为普遍的观点是：机制是作用（效应）产生的路径或过程，机制用于解释现象的产生以及任务的完成。机制解释在各学科的应用是很广泛的，在社会学、认知心理学和经济学等领域应用得最为频繁，尤其在认知心理学中，机制观念起着关键的作用[112]。从认识论上讲，机制提供了一个用于解释规律性的清晰路径，几乎所有现象都可以从机制的角度进行解释[113]。

基于以上机制的内涵分析，本书所研究的影响机制是指一个系统中现象（作用或效应）产生的路径或过程，重点关注系统中各组织或部分（影响要素）之间互相作用的方式与过程。影响机制在任何一个系统中均起着基础性和根本性的作用，对其研究在于解释现象是如何产生的，而这种解释就是对系统中因果结构的表述。影响机制研究的核心是探寻现象背后的影响因素及它们之间的因果关系。

1.4 研究目的与内容

1.4.1 研究目的

本书从城市居民健康恢复的角度出发，主要以关注居民心理健康和亚健康状态为出发点，以恢复性环境相关理论为视角，主要致力于实现以下两个方面的目的。

（1）探索社区公园恢复性环境的影响因素及它们之间的因果关系，通过揭示社区公园恢复性环境的影响机制来研究社区公园环境特征对人群健康恢复所起的作用和影响路径。

（2）探索社区公园恢复性环境空间优化的原则和策略，并建构理想化的空间模型，对规划方案的制订与空间环境的优化提供支持。

1.4.2 研究内容

基于研究目的，本书主要研究以下五个方面的内容。

（1）社区公园恢复性环境体系的认知。对社区公园恢复性环境概念形成的现实与理论背景进行全面梳理，分析社区公园环境对居民恢复需求的实现途径，即通过恢复行为的发生促进健康,结合社区公园开放式问卷调查与行为活动调查提取出社区公园环境中的恢复行为类型及其特征。在此基础上对社区公园恢复性环境体系的构成进行阐述,并对要素间的相互作用的路径特征进行推导。基于影响机制视角的科学研究方法和相关研究的理论基础,对社区公园恢复性环境影响机制构成进行分析,通过明晰影响机制的构成部分以及构建实验研究的理论模型,对进一步的研究提供指导。

(2)社区公园恢复性环境特征评价。社区公园恢复性环境要素是影响机制构成中最主要的实体组成部分。首先,通过对重庆市主城区社区公园的实证调查研究,提取社区公园恢复性环境的特征因子;然后,以确定的特征因子为基础,对社区公园恢复性物理环境特征因子进行定量化评价,确定物理环境特征因子和心理环境特征因子以及恢复性效应之间的相关关系;最后,依据上述实证分析满足居民恢复性需求的社区公园环境特征。

(3)社区公园恢复性环境影响机制解析。社区公园恢复性环境影响路径是影响机制构成中的活动(交互作用)部分,基于居民行为模式和社区公园恢复性环境相互作用的视角,解析社区公园恢复性环境影响机制及影响路径。以重庆市主城区若干已建成的社区公园为样本,首先,对社区公园环境产生恢复性效应的过程建立概念框架;然后,根据结构方程模型路径分析及中介作用检验社区公园环境产生恢复性效应的关键影响因素及其影响效应;最后,基于影响机制、关键影响因素和主要行为模式构成社区公园产生恢复性效应的解释框架,并应用其阐释重庆市主城区社区公园对居民产生恢复性效应的影响路径。

(4)社区公园恢复性环境空间优化阐释。从环境行为学的经典理论中探寻“行为模式—空间环境”的内涵,以此作为提炼社区公园恢复性环境结构体系的重要思想来源。首先,以上述思想为基础,根据社区公园恢复性环境形成维度和机制构成推演社区公园恢复性环境空间优化的思考意识与原则;然后,基于社区公园恢复性环境是空间行为与行为空间组合体的辩证思想,分析不同行为模式下社区公园恢复性环境的空间优化策略;最后,将上述思考意识、原则和策略,以及根据实证分析与相关文献案例抽象建构理想化的空间模型,进而描绘满足社区居民恢复性需求的社区公园环境空间模式。

1.4.3 案例区选择

本书案例区选择重庆市主城区社区公园。本书拟选取重庆为案例区开展研究,主要基于如下理由。

重庆是我国特大城市,城市大规模的扩展使城市生活远离自然环境的特征更加显著,研究样本具有代表性,加之重庆特有的山城地理环境,形成了高密度、空间起伏大、建设空间局促等现实,进一步加剧了城市居民对精力恢复的迫切性。

同时,重庆市属于典型的亚热带季风性湿润气候,具有优质的自然山水本底、良好的城市环境质量,加上近年来城市对公园的大力营建,已在主城区形成了比较完备的绿地系统和社区公园设施。《重庆市主城区美丽山水城市规划》(2015 年 7 月)称,按步行 5 分钟可达的标准,在重庆市主城区布局 2000 余处社区级公园。重庆市主城区社区公园建设完备,特征鲜明,加上重庆是我国典型的组团式城市,社区公园城市居民生活关系密切,具有较好的通达性以及较高的使用频率,为研究开展提供了便利。

本书选取重庆市主城区社区公园为案例区开展研究具有典型性。

1.5　研究方法与技术路线

1.5.1　研究方法

本书从多学科的多种理论出发探究社区公园恢复性环境的特征因子和影响机制,采用归纳与推理、定性与定量、理论与实证相结合的方法。研究过程中,首先在梳理大量文献的基础上找到研究问题的突破口,在此基础上进行实证研究,收集数据进行量化分析。综合用到的方法,主要有以下几种。

1. 行为观察法

行为观察(action observation)法是指研究者根据研究内容进行观察,在实地环境中运用自己的视觉感官或借助相机等工具,对个体在自然状态下的行为活动进行观察记录从而获取数据,是环境行为学领域中主要的研究方法。通过直接观察和间接观察(其类属关系如图 1.1 所示),能够在有限时间内快速掌握环境中个体行为活动的客观规律,非常适用于研究环境中个体的主观环境取向和行为方式的关系。

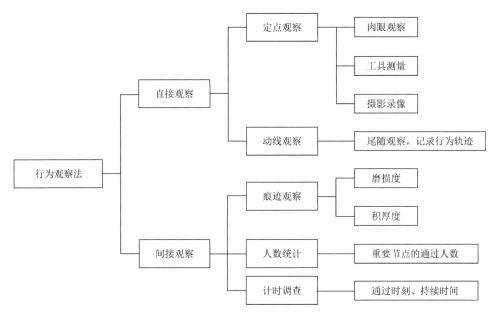

图 1.1　行为观察法类属关系图[114]

行为观察的同时,常采用调查记录图表、拍照摄像等方式进行记录,整个过程中对环境中个体基本不产生行为干预。所获得的数据结果可分为定量数据(如环境中个体的构成、行为活动类型及发生频率等)和定性数据(如不同行为活动发生的环境特征等)两部分。

2. 因子分析法

因子分析法主要目的是从大量现象数据中，抽出潜在的共通因子即公共因子，通过对这几个公共因子的分析，更好地理解全体数据的内在结构。因子分析法是一种多变量的统计分析方法，可以把一些相互关系密切错综复杂的因子变量，从变量内部相关性出发，以最少的信息缺失提取为少数几个综合因子。

3. 照片测量法

照片测量法，即计算照片或幻灯片中的景观元素（如植被、建筑物、山、水体、铺装、岩石等）所占有的面积或周长等，此外，还可以根据照片进行元素的色彩、植物种类、河流流速等主观分级的判断。照片测量法直接计算受测者所观赏照片中的物理属性，因而适用于心理物理模式分析，且在进行评价研究时，由于评价者评价时所接受的刺激源与物理环境测量的媒介相同，所以结果可信度较高。

4. 美景度评价法

美景度评价（scenic beauty estimation，SBE）法是心理物理学科方向的评价方法，其认为景观的美丑取决于人类对景观的知觉反应，发展出此模型的学者认为观赏者对于景观的美感经验与观赏者的美感判断标准，是构成评估的两个重要因子，但是观赏者有无美感经验在于是否到过该景观所处的位置，而美感判断会以个人在美学素养方面的培养而有所影响，因此判断标准会有所差异，为了消除因观赏者使用不同的判断标准而产生的误差，提出了 SBE 模型（图 1.2）。评价的目标在于由指定的心理学范围内获得观测者对某个刺激认知态度的数字指标，以利于区别其他刺激。此目标通过两个连续的过程达成。

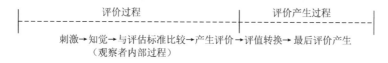

图 1.2　评值产生的过程[115]

首先是评价阶段，即受测者要接收到刺激（一般为彩色景观照片），经过内部知觉与受测者心中的标准综合，进而给予刺激一个评价（偏好程度），是受测者内部的过程；然后是数据处理阶段，即将受测者对此评价以适当的数学方式转换成可相互比较的心理尺度数据，即为 SBE 值。SBE 法的优点就是可以建立一个量化评价数学模型，通过选取适合景观评价的因子，最终分析出影响景观美景度的预测模型。

5. 结构方程模型分析法

结构方程模型（structural equation model，SEM）分析法是社会科学研究中广泛应用于心理学、社会学和行为科学等领域统计研究的重要方法。可以同时处理潜变量和观测变量，还可以同时分析多个变量间的复杂关系，对变量间因果模型进行路径分析[116]。结构方程模型分析法对测量变量、测量误差以及因果模型具有强大的处理能力，弥补了传统统计方法的不足（如需要处理多个原因、多个结果的关系，或者不可直接观测的变量），成为多元数据分析的重要工具。构建具有因果关系的结构方程模型也是研究中介效应的重要方法。结构方程模型分析法属于验证性分析技术，采用先建模型，而后用数据进行验证。

目前，主流的数据分析方法有层次分析法、模糊综合评价法、神经网络方法以及灰色关联度法等。与上述各种方法相比，结构方程模型分析法有着允许自变量和因变量含有测量误差，可以在一个模型中同时处理因素的测量关系和因素间的结构关系等诸多优点。

1.5.2　技术路线

本书拟遵循"界定研究问题—研究本体认知—影响机制解析—空间优化阐释—结论与展望"等技术步骤进行，详见图1.3。

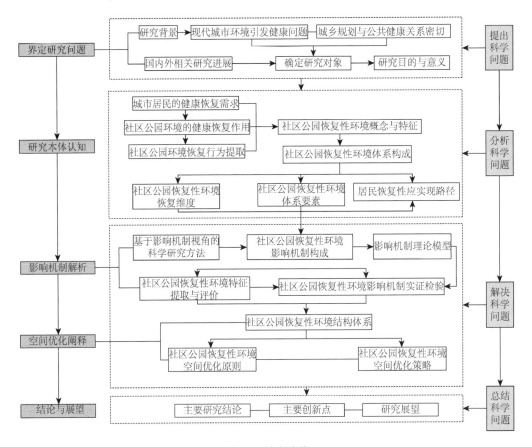

图 1.3　技术路线

第2章 社区公园恢复性环境的认知与内涵阐释

恢复性环境是源于西方环境心理学的概念，自 20 世纪中叶受到环境心理学、公共健康及城市规划等学科领域的关注。随着城市发展引发人群健康问题的逐渐凸显，如何缓解人群精神压力、消除不良情绪、恢复身心健康成为研究者所关注的话题。近年来以环境为视角，探讨人类从环境中得到心理机能恢复的研究越来越受到环境心理学、环境行为设计和公共卫生等领域研究者的广泛关注，恢复性环境的研究重新引起了学界的兴趣和重视。而恢复性环境所涉及的环境范畴较为广泛，本书从恢复性环境的视角切入社区公园环境的研究，将社区公园环境作为一种可恢复人群身心健康环境对象加以分析。社区公园恢复性环境作为研究的聚焦与核心理论范畴，对其本体的认知是开展研究的基础。因此，本章对社区公园恢复性环境概念形成的理论背景与现实需求进行全面梳理，认识居民恢复需求与社区公园环境关系的结合点，并分析社区公园环境对居民恢复需求的实现途径，即通过恢复行为的发生促进健康，结合社区公园开放式问卷调查与行为活动调查提取出社区公园环境中的恢复行为类型及其特征。最后，基于以上研究阐释社区公园恢复性环境的概念内涵以及基本特征。

2.1 恢复性环境及城市居民恢复需求解析

2.1.1 恢复性环境的理论发展与价值启示

恢复性环境的概念最早于 1983 年提出，受到环境心理学、城乡规划及公共健康等领域的关注，多位学者对其内涵进行阐释。本书在第 1 章概念解释中，对恢复性环境的概念进行了界定，主要是基于卡普兰提出的恢复性环境的概念，并融入康复性景观的部分理论内涵，指"能够帮助人们缓解精神压力、消除不良情绪、减少心理疲劳并恢复注意力、促进人们身心健康恢复的环境"。恢复性环境作为研究的聚焦与核心理论范畴，对其理论发展的全面认知有助于社区公园恢复性环境概念的认知和形成，对构建社区公园恢复性环境影响机制的理论模型提供了坚实的理论支撑。

1. 恢复性环境的进化理论

恢复性环境的进化理论是恢复性环境研究最为核心、接受度最高的理论，其中包括两派：卡普兰夫妇以注意力恢复理论为主体的功能进化论和乌尔里希的心理进化理论。

1）注意力恢复理论

在功能进化论中，卡普兰夫妇认为人类会对具有重要意义的环境刺激产生特殊的情感特质，而人类对环境的反应是结合情感与认知的综合评断，这是一种偏好感（preference）的反应，偏好度高的环境对人群身心健康恢复也有相当大的帮助。卡普兰夫妇于 1989 年提出的注意力恢复理论，开始用架构将人与环境互动特质化，将自然环境中人的认知力与环境中这些机能结果加以联系。

注意力恢复理论是在詹姆斯（James）的专心注视概念基础上提出来的[117]。现今城市生活导致人们精神压力越来越大，心理上容易感到疲劳，人们总需要清晰的认知来有效率地进行日常生活，而清晰的认知取决于集中注意力（dirccted attention）[118]。随着时间的延长，人们能够集中注意力的能力会减弱，减至一定程度便会导致注意力集中困难，出现精神疲劳、情绪躁动、工作出错率增加等一系列问题[119]。而不用集中注意力的事物不需要费太大的心神，在这些特质的环境中，人们的注意力可以得到很好的恢复。卡普兰夫妇归纳出这种特质环境的四个特征。

（1）距离感（being away）。当压力达到一定程度时，人们开始寻求消除疲劳，避开生活中需要注意力集中的事物，摆脱当下疲惫的生活状态，使注意力恢复成为可能。自然场所（如山川、森林、大海、河流、湖泊等）都是能够产生距离感的环境。同时，通过静坐放松、改变思考内容等心理调整手段也可以与现实生活产生距离感，让集中注意力的疲惫身心得到休息。

（2）延展性（extent）。环境具备足够的内容和一定的结构来占据视野与思维，即环境刺激是丰富和连贯的，让人们能够在所处环境中充分地进行探索和发现，全身心并长时间投入环境中，使身心能得到充分的恢复。

（3）迷人性（fascination）。环境中的信息无须意志努力参与就能获得人们的注意，能够自然而然地引人入胜，甚至不需要人们努力注意就可以直接吸引人们的注意力，将人们从负面的环境中吸引出来，使身心可以得到恢复。

（4）相容性（compatibility）。相容性指环境提供的活动与个人的偏好或者目的相符，也就是说，即便环境再有迷人性、延展性或者具备距离感的特征，若环境本身所提供的活动过少或者功能不符，也难以达到恢复性体验。

一般自然环境能满足上述条件，人类在长期进化过程中对自然环境有偏好，也倾向于自然环境的恢复。自然环境所具备的魅力性，使人们不需要集中注意力就可以关注与欣赏，自然环境是对"精神疲劳"的恢复作用的典型环境。

2）心理进化理论

乌尔里希提出的心理进化理论又称为压力缓解理论，该理论认为压力必然会导致人们注意力下降，而自然环境在人们生理和心理方面具有积极作用，特别是在缓解精神压力方面效果显著。压力是人们在面对挑战性、伤害性或恐惧性环境时，判断无法处理当前环境而从生理、心理上做出的反应，与之相伴而生的是负面的消极情绪[42]。体验愉悦的自然环境能够让人们紧张的情绪得到放松、压力得到缓解以恢复到身心平静的良好状态。该理论是解析自然环境、缓解精神压力功效的重要理论依据。

3）小结

这两派理论都认为视觉偏好（visual preference）在环境与人群健康恢复关系中有明显的正相关关系，并能减少压力促进恢复效应的产生。两派理论都是从心理学的角度来看待人与环境的相互影响，探讨了情绪与认知的互动关系；都假设人们对自然环境有一致积极的倾向；都认为恢复来自和环境的视觉接触。不同之处在于乌尔里希的心理进化理论假设人们对环境的最初反应是一种情绪而非认知，他的研究重视视觉序列的整体结构品质（如复杂性、焦点性等），以及更关注情绪、心理与生理反应，而非注意力的补充。乌尔里希认为认知是一种缓慢自觉并受到控制的思考过程，与受环境刺激引发的立即情绪无关，与之后的情绪才有关联；相对地，卡普兰夫妇认为认知的发生是快速且不自觉的，减压效果源于减少集中注意力，进而带来思绪清晰及日常运作效能的恢复（表 2.1）。

表 2.1　注意力恢复理论与心理进化理论的比较

既有理论比较		注意力恢复理论	心理进化理论
相同处	理论视角	两个理论都是从心理学的角度来看待人与环境的相互影响	
	理论基础	进化论观点，认为对特定自然元素的偏好反应是因其有助于生存	
	恢复效应	正向的生理效应和心理效应	
不同处	理论假设	减压效果源于减少集中注意力，进而带来思绪清晰及日常运作效能的恢复	减压效果源于接触自然后产生负向情绪的减少及正向情绪的产生
	认知运作	高，对环境最初产生的立即情绪反应与认知处理有关	低，对环境最初产生的立即情绪反应不带有认知作用
	恢复时间	可能是立即或持续长期	立刻而短暂
	恢复环境的条件	兼具以下特性之环境：①使人心境远离日常杂务；②吸引物；③具时空之延伸性；④相容性。自然环境明显符合	能吸引人的自然环境，如水景、植栽等
理论遭遇到的问题		①对于认知层次高低与所需处理，时间长短的观点和心理演化模式不同；②未能建立完整的理论架构图	①无法解释人对于非自然景观的偏好；②具有植栽的城市环境比纯粹的乡村环境对人有更佳的心理效果
恢复性效应与美学的关系		①美学因素与人在其中体验到的效益密切相关；②相同的审美对象，会因为人的态度不同而有得到不同程度的恢复效益	偏好是一种审美愉悦感，这种情感反应迅速发生

　　两派理论有许多不同之处，本书将其中的变项结合探讨。综合两派理论的观点，可以总结出环境的恢复作用包括情绪健康和认知健康。情绪健康主要是对负面情绪的抑制，缓解精神压力促进积极良好情绪的产生；认知健康主要是改善注意力不集中，提高记忆力等。本书将情绪和认知这两种影响结合考虑，进行环境的综合性恢复效应的研究。

　　2. **恢复性环境的自然偏好理论**

　　在恢复性环境理论认知中，对于自然偏好理论的了解有助于更深入地理解环境的恢复性作用。自然为何会受到人们的偏好进而产生恢复作用，这与人类具有天生的自然情结相关，对自然环境偏好产生的根源要追溯到人类祖先——古猿人时期人类与自然环境的互动，人类孕育于自然环境之中，生活与自然环境密切相关。自然环境偏好理论主要包括以下几方面。

（1）亲生命性假说（the biophilia hypothesis）。亲生命性假说是自然环境促进人类健康思想的主要支持理论之一。理论解析了人类与自然环境与生俱来的亲密是一种情感的连接，这种情感连接源于人们内在的心理需求（情感联系、审美需求、创造力与想象力）。哈佛大学生物学者威尔逊（Wilson）用亲生命性（biophilia）理念来形容这种需求[120]，他认为这种情感连接是生命与生命互动进程的先天倾向。人类在长期进化过程中，与自然环境的这种情感联系使人们具有天生的偏好，并潜移默化地促进了人体身心健康。

（2）自然助益假说（natural helpful hypothesis）。乌尔里希通过对自然景观元素（如山川、森林、河流、植物和花卉等）进行实验研究，发现人们在观看自然景色或与自然相关的图像时，能够从紧张的压力和不良的情绪中恢复过来，基于实验研究结果提出了自然助益假说，解释自然接触对人们身心健康的益处。

（3）超负荷（overload）与唤醒（arousal）理论。这两项理论都认为复杂性的环境（如高强度视觉感知、噪声等）会掩盖人们原本的感官，损害身心健康，或者对知觉感知造成伤害。反之，如果用较不复杂的环境刺激，如植物（具有低密度及低冲突性）可以降低压力，并提供恢复作用。

自然偏好理论的观点认为自然环境具备对情绪和认知的正面恢复性效应，与城市环境相比，对人群健康具有明显的正向影响。

3. 其他相关理论

其他与恢复性环境相关的理论还包括园艺疗法理论、循证设计理论（theory of supportive design）、瞭望—庇护理论（prospect-refuge theory）等。

1）园艺疗法理论

园艺疗法指利用园艺活动对人们进行治疗，用以改善人们的身体以及精神方面出现的健康问题，包括园艺操作活动以及植物栽培活动等，从身体、心理、社会以及教育等方面全方位地调整。园艺疗法理论的核心是以自然环境为主要对象，参与到园艺劳动和植物栽培等主动性活动中，强调参与体验过程当中的健康效益。这种体验过程包括了对人们五感（视觉、嗅觉、味觉、听觉和触觉）的刺激作用，自然元素能够给人们的感官带来良性刺激和美好的感官体验，从而产生健康效益。另外，园艺活动的参与过程中伴随着体力活动，而体力活动本身也具有改善心肺功能、提高机体免疫力、消除疲劳的作用，从而促进人们的生理健康。

2）循证设计理论

循证设计理论的根源可追溯到18世纪后期，最早用于建筑环境的设计来提高患者的康复能力。20世纪中后期，乌尔里希发表论文《窗户视野可能影响患者的术后康复》（View through a window may influence recovery from surgery），他认为良好的建筑环境设计（包括优美的自然环境、适宜的交流场所、美丽的景观等）可以减小患者的压力，有助于患者康复。20世纪末，西方科学家在实验中发现自然环境对于人体健康有积极影响，1984年得克萨斯A&M大学提出循证设计理论，该理论以环境为介质，运用设计方法来促进人体身心健康，从而改善情绪和减小压力。通过概念模型解析压力恢复的作用机制，认为具有控制性、社会支持和交往、运动和锻炼以及自然性的环境能够更好地缓解精神压力。

　　3）瞭望—庇护理论

　　1975 年英国地理学家阿普尔顿（Appleton）在其著作 *The Experience of Landscape* 中首次提出瞭望—庇护理论。他认为人们喜爱可以瞭望的环境（允许人们去观察），同时喜欢可以庇护的环境（不被他人看见或干扰）。这种喜爱的产生来自于人类狩猎时代选择居住地点的原始生存本能，强调了人类自我保护的生物本能在景观感受过程中的重要作用。人类需要环境提供庇护的场所以保证安全性，同时又具有良好的视线可以观察。因此，安全性是瞭望—庇护环境中最重要的特性之一，是产生庇护感的基础条件，包括生理的安全需求以及潜在意识的安全感受；可观赏性指人在环境空间中，具有可以欣赏的景物和能观赏到景物的视野，能够使人通过对景观的感知而获得愉悦感，这也是瞭望—庇护环境中产生瞭望感的重要因素。

　　4. 价值启示

　　本书所研究的恢复性环境基于卡普兰提出的恢复性环境的概念，并融入相关理论内涵，丰富恢复性环境的理论范畴，建立更加系统的恢复性环境理论基础。通过对恢复性环境相关理论的认识，能够更好地应对当前人群健康问题的多样性和复杂性。从理论方面深入了解到自然环境对于缓解人群精神压力、舒缓疲劳等人群健康恢复的促进功能。

　　恢复性环境作为对人群身心健康有益的环境，在当前城市环境导致人群健康问题的背景下，恢复性环境的外延得到进一步拓展，未来研究可将对恢复性环境的认识进一步应用到环境设计上，并且突破特定的景观类型和使用人群，进一步融入人们的日常生活中。因而，恢复性环境应是以 "人" 为焦点[118]，与人们生活密切相关的环境，不应只评估环境本身，而应深入理解环境中发生的活动、事件及人群互动，进而探讨问题的本质。具体而言，人与环境若没有任何互动，即使环境本身具有恢复性环境特质，对使用者仍然没有任何的恢复效应。因此，除了环境本身的特质，加强人与环境的互动研究更有助于恢复性的体验。

2.1.2　城市居民的恢复需求

　　人群恢复需求的产生的根本在于人们对健康的关注。随着城市化的高度发展，城市中建筑与人口日益密集，人类与环境之间的矛盾不断增加，以及城市病、老龄化与亚健康问题的凸显，使生活在城市中的人们意识到 "无病即健康" 的观点是狭隘的、消极的、低层次的。世界卫生组织对健康的定义：健康不仅是没有疾病和虚弱，更是一种身体的、心理的和社会适应的良好状态[121]，这一定义更加注重整体健康状态，体现了健康的多维度概念。根据这一概念，世界卫生组织将处于健康和患病之间的第三状态称为 "亚健康状态"，属于机体从健康走向疾病的中间状态，我国处于亚健康状态的人群已接近 10 亿人，且更多的健康人群开始逐渐走向亚健康状态[122]。

以此为标准对城市居民的健康状况进行衡量，可以发现，作为长久居住在城市中的人群，遭受到城市环境恶化引发的多方面的健康问题，引起整体健康失衡：首先，远离自然、环境拥挤、噪声问题以及快节奏、高压力的城市生活造成城市居民心理机能消耗的概率大大增加，城市居民的心理疾病患病情况呈上升趋势，诱发多种健康问题，包括肥胖症、心血管疾病、糖尿病等慢性病，自杀、暴力犯罪等社会问题；此外，精神疲劳、抑郁暴躁和焦虑感也会导致不健康的生活方式，如缺乏健康的社会交往、缺乏体力活动、吸烟酗酒、药物依赖等。

因此，城市居民长期处在这样的环境当中，身心健康受到威胁，生理、心理和社会资源被消耗，恢复需求就产生了。

1. 恢复需求的多重层面

结合前面对健康概念的认识，城市居民的恢复需求包括心理健康、生理健康、情绪健康、精神健康等在内的整体健康的恢复，可以概括为以下三个层面的内容。

（1）心理健康恢复。心理健康恢复指的是心理状况的改善，包括压力、情绪、注意力等恢复正常，心理健康的人具备了稳定的情绪和愉悦的气质，其行为能够更好地适应社会环境。情绪是心理健康当中的重要因素，能对人体的神经系统、内分泌系统等产生一系列的影响，进而影响人体的免疫、消化、心血管等健康。

（2）生理健康恢复。生理健康恢复指的是躯体器官、组织及细胞恢复健康，生理健康的标准包括良好的胃口、均衡的营养、均匀的体态、强健的体质、充沛的精力、良好的睡眠、敏捷的头脑等[122]。

（3）社会健康恢复。社会健康恢复指的是有良好的人际交往与社会适应能力，社会健康恢复可唤起人们的好奇心，增进沟通、观察力，获得新知识、增强自我控制力以及提升解决问题的能力等，通过这些方面的持续改善与增进，使人们的理解思考、预测推理以及互动交流等能力得到全面提升。

2. 不同年龄段的恢复需求

前面对城市居民恢复需求的三个层面进行了阐释，而处于不同年龄阶段的居民其恢复需求有着差异性。为了对城市居民的恢复需求进行深入剖析，本书在收集大量相关文献的基础上，还深入城市社区当中，对居民进行深度访谈，对不同年龄阶段的居民生理和心理特征、所面临的健康问题以及恢复需求进行剖析，如表 2.2 所示。

表 2.2　不同年龄段人群的恢复需求

年龄阶段		生理和心理特征	面临的健康问题及恢复需求
儿童	2 岁以下	迅速生长和发展时期，逐渐拥有感官知觉，依靠观察、触摸、聆听等感知世界	易受伤害，需要健康安全的生活环境、丰富的环境刺激、良好的家庭氛围
	2～12 岁	行动能力和智力快速增强，活泼好动，好奇心重，初步建立抽象逻辑思维能力，受社会道德影响较大	体力活动不足，抵抗力差，饮食结构不合理，易产生肥胖症；沉迷电子产品，缺乏家人陪伴，社会交往缺乏等易产生孤独症、抑郁、多动症、注意障碍等心理问题

续表

年龄阶段		生理和心理特征	面临的健康问题及恢复需求
青少年	13～30 岁	身心迅速成长，达到相对成熟，自我意识、独立性增强，人生观和世界观基本形成	升学、就业等压力，沉迷网络、缺乏体力活动、熬夜等不良生活习惯，易产生肥胖症、失眠、焦虑、抑郁、暴躁等健康问题
中年	31～60 岁	身体发展至顶峰，然后开始缓慢衰老，智能相对稳定，家庭责任感、社会义务感增强	城市高压力人群，工作生活压力大，长期处于精神紧张状态，作息不规律，静坐少动，缺乏体力锻炼，出现慢性疾病早发趋势，各类精神疾病以及处于亚健康状态的主要人群
老年	60 岁以上	生理机能衰退，感知能力退化，神经中枢退化，不利的心理变化增多	各种慢性疾病增加；社会角色的改变以及生活结构的转化，社会接触以及与外界交流减少，导致心理易受不良情绪的影响，产生孤独感、失落感以及抑郁感

3. 满足恢复需求的急迫性

前面的分析结果表明，尽管不同年龄阶段的居民其恢复需求有所差异，但是亚健康状态以及心理健康和社会健康的问题已深入青少年、中年和老年群体中，甚至在儿童群体当中已形成各种健康问题的早发趋势。而处于亚健康状态的人群如果进行积极干预，可恢复到健康状态，反之则会自动向疾病状态发展，引起各种生理疾病，同样心理、社会健康出现问题也会影响生理健康。在快速推进的城市化进程中，城市居民的亚健康问题和心理健康等问题已达到不容忽视的程度。因此，城市居民对健康的恢复的态度是积极的，对实现恢复需求是急迫的。

2.1.3　恢复需求的社区公园环境支持

1. 环境的恢复性解析

随着社会的发展，城市居民对健康的要求越来越高，恢复的需求越来越急迫。专家认为，摆脱亚健康状态以及初期的心理问题，并不是靠药物的治疗，而是要靠自己采取积极主动的措施。世界卫生组织执行理事巴顿（Barton）认为人类的健康与其所处的环境存在必然的关系，包括四个圈层（社区环境、行为活动、建成环境和自然资源）的相互作用，共同影响人群的健康和幸福[122]（图 2.1）。因此，城市居民的恢复需求可以通过有效环境的提供得到满足。前面对恢复性环境理论认知中已经了解，恢复性环境能够帮助人们缓解精神压力、消除不良情绪、减少心理疲劳并恢复注意力、促进人们身心健康，满足人们的恢复需求。人们在恢复过程中会受到所处环境的影响而产生不同的恢复效果，这种效果体现了"环境的恢复性"。环境特质的不同对人们获得恢复的支持能力表现不同，可以区别为以下三种作用情况。

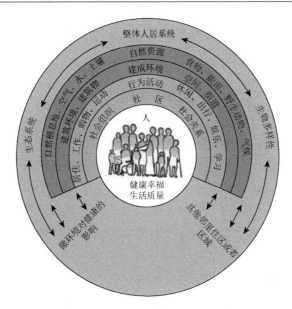

图 2.1 影响健康的环境圈层因素[123]

（1）促进恢复作用。环境具有某些积极特征能够使环境中的人们产生有效的恢复性效应，使其消耗的心理、生理和社会资源能够得到恢复，也就是说，环境对人们的恢复表现为积极而正向的促进作用。

（2）阻碍恢复作用。环境具有某些消极特征会阻碍环境中的人们产生有效的恢复性效应，甚至加重个体心理、生理和社会资源的消耗，也就是说，环境对个体的恢复表现为消极且负向的阻碍作用。

（3）中性恢复作用。环境本身所具有的特征对环境中的个体恢复性体验不明显，或者环境所具有积极特征的同时伴随着一定的消极特征时，环境对个体的恢复表现较为中性。

2. 城市恢复性环境资源分析

随着城市化的快速推进，城市高密化的发展态势出现了，城市高密度发展导致绿色空间与自然环境的不断减少。尽管研究表明自然环境对个体的恢复作用明显高于人工环境，但以人工环境为主体的城市环境并非与自然环境完全相对。城市环境中的自然元素，以及设计精良个体偏好的城市环境（如优美的景观环境、功能健全的设施等）也都具有恢复作用。从城市整个空间分布来看，城市周边区域保留的山川、河流、林地等自然资源是最大的恢复性环境资源；而在城市的内部空间，特别是高密度化的城市建成区，恢复性环境资源相对稀缺，城市中保留的自然空间以及以自然环境为主体的城市公园更是十分可贵的恢复性资源。

以本书的案例区重庆市主城区分析，重庆特有的山城地理环境导致城市人口密集，建设用地局促，形成了明显的高密度发展特征。重庆市主城区位于两条山脉之间的丘陵地带，长江和嘉陵江将主城区穿插切割，形成了"多中心、组团式"的城市空间形态，自然生态本底优越，可以在城市周边地区看到更多的自然环境资源，这些环境以林地、风景名胜区用地为主。然而这些环境资源相对远离城市建成区，与城市居民日常生活联系不够密切，作为恢复性环境的资源在满足城市居民日常恢复需求上支持力不足。

重庆市主城区内部公园绿地等级比较合理，但区域性公园服务半径较大，并且存在服务盲区，部分公园服务半径超过 10km，如大渡口公园、沙坪公园等。而社区公园的建设深入城市组团内部，具有良好的通达性、完备的设施以及高频率的使用。《重庆市主城区美丽山水城市规划》（2015 年 7 月）称，按步行 5 分钟可达的标准，在重庆市主城区布局 2000 余处社区级公园，可以说十分贴近城市居民的生活，能够成为恢复性环境的有效资源。

3. 社区公园环境的责任

在城市高密度的发展趋势下，城市空间作为现代城市生活的载体，应为城市居民提供健康的人居环境。而在城市范围内规划建设大面积公园绿地，受到土地资源匮乏等多方面限制，分散在社区内部的小型公园绿地——社区公园能够承担起相应的责任。社区公园环境正是扮演着自然环境的重要角色，作为生活在城市的居民亲近自然最直接的场所之一，为人们提供了接触自然的机会，可以极大地满足居民的恢复需求。

2.2　社区公园环境与健康恢复关系分析

2.2.1　公园环境与健康恢复关系的阶段性分析

恢复性环境的概念最早是在 1983 年提出的，在这之前人们虽然没有以专注的视角来研究恢复性环境，但是它融入城市发展的多层历史结构中。恢复性环境的核心论点是关于自然环境的恢复性效应，回顾城市发展的历史，公园作为人们联系自然、亲近自然的物质空间类型，自城市诞生之日起就与城市的发展息息相关。两个世纪以来，公园已经成为现代化大都市基础设施不可或缺的一部分，在支撑整个地区人群的机体、心理和社会健康当中扮演着十分重要的角色[124]。因此，以自然环境为主体的公园环境所具有的健康恢复作用是客观存在的现实。本节对公园与健康恢复关系的探讨主要聚焦于人们对二者的关注思考以及实践活动，从整个历史发展过程来看，公园环境与健康恢复的关系是深刻而悠久的，与人类在不同时期对自然认识的深度和程度不同而不断发展变化。

1. 公园环境与健康恢复关系的萌芽期（15 世纪之前）

从人类定居以后，常常在其居住的自然环境中发现具有保健功效的场所，那时具有康复作用的场所仅仅存在于大自然中，如草原、森林、温泉等。在医疗条件和设备不健全的条件下，"以观赏绿色景观和水景等自然环境来缓解精神压力"的观点在古波斯国、中国、希腊等一些国家便开始形成。他们相信草木、水等自然植物和景色能够改善压力，在大自然中体验树木、花卉、阳光，聆听鸟鸣、水声能产生感官上的反应，结合这些要素组成的花园可以缓解压力。

中国古代哲学将天人合一作为一种崇高的境界，在这种认识下更加强调人与自然的和谐共生。从《管子·水地》中的"地者，万物之本原，诸生之根菀也"可以看出，古代人们认识到环境对人的重要作用。中医理论认为人接触泥地更加容易吸收地气，达到体内阴阳的调和。《周易》等堪舆学方面的著作将人们的情绪与自然界联系起来看待，将人们的疾病也看作自然界的影响。由此可以看出早在古代，人们就十分重视自然环境对人群身心健康的影响，并将这种观点融入中医治病和城市风水学的范畴中[125]。中国古典园林强调人与自然的和谐共处，追求天人合一的境界，园林设计强调优美的自然环境营造，以此达到人与自然的和谐共处，更有利于养生的效果。无论是皇家园林还是私家园林，都以大面积的自然环境为依托进行设计，让人们从视觉、听觉、嗅觉上感受自然，体味自然景象，达到放松疗养、修养身心的作用。

西方在人类早期文明中就存在身体健康与自然环境联系的认识。古巴比伦很早就有疾病与星象变化关系的历史记录，认为人的健康受到了天地和水的影响；古罗马人已发现自然要素（如树木、花卉等）对患者病痛和压力有舒缓作用，并为伤残军人修建花园让其更好地进行康复治疗。中世纪基督教渗透到生活的各个方面，产生了修道院园林，花园与健康关联起来被用于患者的治疗和康复[126]。通过在修道院庭院种植植物来疗养疲倦和生病的朝圣者。但是由于14、15世纪，瘟疫和农作物欠收，修道院逐渐走向没落而影响到当时康复花园的发展。

2. 公园环境与健康恢复关系的沉寂期（15世纪初至18世纪末）

15世纪初，随着欧洲文艺复兴运动的兴起和资本主义的发展，科学技术有了很大的进步，近代医学也取得了一系列重大进展，自然科学开始逐步摆脱宗教神学的影响，形成了用机械运动解释自然现象的机械唯物主义自然观。在这样的观点之下，忽视了传统医学对心灵的重视，忽视了环境带给人体的健康益处。同时，在西欧掀起的工业化浪潮，使人类第一次感受到征服自然的强大力量，粗暴地干涉自然、破坏自然环境，使人们与自然环境的关系开始疏远。在这样的背景之下，自然环境的健康功能逐步为人们所疏忽，出现了短暂的沉寂。工业文明在带来城市社会高速发展的同时，也产生了巨大的负面效应。工业繁荣与富裕生活的表象之下，城市环境恶化严重，同时伴随着严重的社会问题，如贫富差距扩大、犯罪率上升以及紧张压抑的城市生活。

3. 公园环境与健康恢复关系的发展期（18世纪末至20世纪中叶）

英国工业革命的迅猛发展以及法国大革命的爆发引起了社会的深刻巨变。卢梭倡导"以自然生命和情感来对抗理性文明"的自然观唤起人们重返大自然的强烈愿望。18世纪末的浪漫主义运动正是在"回归自然"的声浪中来临的，形成了一种以自然的浪漫主义理想为基础的风景园林设计的浪潮。浪漫主义者认为人与自然有着息息相通的密切联系，崇尚纯美的大自然是人所具有的天性，他们通过倾听、观察和感触自然，感受到了自然的无穷魅力和审美价值[127]，浪漫主义唤起了对自然的重新重视以及自然对肉体和精神恢复的作用。

社会进步改革者认为可以通过创造一个结合城镇和农村优点的城市来强化自然环境，并采取建立公园的方式来实现城市自然化的理想[128]。美国景观建筑师奥姆斯特德和他的助手沃克斯（Vaux）明确地将人群健康作为公园创建的一大目标[107, 129]，他们建造公园和林荫道并形成公园系统。奥姆斯特德认为人与自然关系的疏远会造成人们生理和心理的负面影响，自然环境可以保障人群健康和社会和谐。他认为，欣赏美好的自然景色可以使人们精神状态、运动以及呼吸产生变化，如果在醒着的时候（城里）没有放松的机会，我们都会感到痛苦。放松不仅仅影响城市生活的舒适度，也影响我们是否能保持成熟、良好和健康的心理状态[124]。奥姆斯特德是最早阐述自然风光促进人群健康的公园设计师。

18 世纪末至 19 世纪初，人们认识到心理上的抚慰作用能够减轻身体的病痛，由此进行了精神病医院设计方面的改革。精神病医院的建设中保留了大量的自然环境，通过自然景观的设计以及花园中的园艺工作形成一部分对精神病患者的治疗。19 世纪还出现了设计成可以缓解病患疼痛的康复园林式的阁式医院，通过户外空间与病房的联系，使患者更加亲近自然。这一时期，出现了美国心理学之父詹姆斯（James）提出的"专心注视"概念，这一观点认为过于集中注意力会产生精神疲劳，而自然环境可以使人们不需要集中注意力就能被关注与欣赏，是对精神疲劳有恢复作用的典型环境。

4. 公园环境与健康恢复关系的新兴期（20 世纪中叶以来）

20 世纪中叶，世界卫生组织发展了更加整体的健康概念，从人们的身体健康、精神健康和社会健康三个维度来全面解析人们的健康状态，在这种健康概念之下，人们意识到健康不单指身体疾病和虚弱，而是一种多维度的完全良好状态。随着城市环境问题的日益严重，人群健康问题凸显，人们在更加关注身体锻炼与健康关系的同时，也关注公园与恢复性环境的关系。

20 世纪 70 年代，国际上已开始关注公园对人们情绪的影响及其影响机制，乌尔里希提出的心理进化理论、压力缓解理论和卡普兰夫妇的注意力恢复理论从不同角度阐释了自然环境在对缓解精神压力等方面的作用及机理，证实了自然环境对缓解人群精神压力方面具有明显效果[41-43]。在圣地亚哥还建成了莱奇坦哥（Leichtag）儿童治疗中心的"康复花园"。乌尔里希等提出"康复花园"的概念，强调了自然环境对人们疾病的治疗与康复功能，对心理和精神健康产生了积极的影响[41, 44, 45]。

20 世纪中叶，园艺疗法为代表的相关研究广泛兴起，人们逐渐认识到植物及其景观对健康的益处，如缓解疲劳、减少压力等[90]。瑞希（Rush）等提出"园艺疗法（horticultural therapy）"和"景观疗法（landscape therapy）"，着力探讨自然景观的治疗特征[130]，通过植物、水体等自然要素以及与自然要素相关的园艺活动来促进体力、身心、精神恢复[89]。帕尔卡（Palka）认为健康景观的疗效包括两个方面：通过身体接触实现景观对人体健康的影响和通过精神感知实现景观对心理愉悦的创造。马库斯（Marcus）将园艺实践和健康实践（如职业治疗）相结合用于治疗性花园设计中，并在其 2018 年的《康复式景观：治愈系医疗花园和户外康复空间的循证设计方法》一书中，汇集了可供设计者和政策制定者建立治疗性景观的科学依据，并提出了设计指导原则，包括提供体力活动的机会、提供亲密接触自然的机会、提供私密可控的空间以及社交聚会的场所[131-133]。美国、日本、英国、中国、加拿大等国先后成立了与园艺治疗相关的组织和协会，在城市中开展园林植物与人群健康关系的研究活动，并为人们从事园艺疗法提供研究和实践[134]。

20世纪末至今，随着城市的快速发展，公共健康问题突出，人们意识到很多健康问题可以追溯到物理环境和社会环境的影响，健康城市现代理念开始逐渐形成。1984年，世界卫生组织在加拿大多伦多召开"超级卫生保健——多伦多2000年"的大会上第一次提出了"健康城市"的概念。世界卫生组织于1997年出版的《健康城市指标：全欧洲资料分析》一书中，对健康城市的各项总体参数进行了全面分析，构建了世界卫生组织的宏观指标体系[135]。其中环境指标中"城市绿色及类似空间面积""公众能进入的绿色空间面积""运动与休闲"等指标都与公园的规划设计直接相关。在健康城市运动的引领下，各国对城市公园促进健康的问题也进行了广泛的研究。建设者从宏观的层面考虑城市公园环境的建设，发挥公园对健康城市的作用，适度组织有益健康的公园空间规划，能够使人们享受自然环境给身心健康带来的益处。世界卫生组织在2000年6月举办的第五届全球健康促进大会上指出：健康促进就是要让人们在生理状态和心理状态等各方面保持在最优状态。健康促进要求调动社会、政治和经济等各方面的力量，通过改变影响人群健康的社会和物质环境条件，促进人群维护和提高自身健康的过程[136]。

5. 小结

纵观公园环境与健康恢复关系的历史演进过程，可以看到公园环境在健康恢复方面的重要作用与价值。尽管在一段时期人们自然观的改变，以及城市化与工业化的急速发展，导致人们对自然环境的破坏以及对公园环境存在恢复性效应的疏忽。然而，随着压抑灰暗的城市环境对人们身心健康产生严重的危害，人们很快意识到城市中自然环境对人群健康的促进作用，而城市公园环境是人们亲近和感受自然的重要场所，是十分可贵的恢复性资源。本书研究对象所界定的社区公园，是基于中国现行城市绿地分类标准中一类重要的公园绿地，深入到居住区中为居民服务，是生活在城市的居民方便快速亲近自然最为直接的场所之一。因此，从公园环境与健康恢复关系的不同发展阶段来看，研究所提出的社区公园环境满足城市居民恢复需求的议题是合乎历史规律并具有研究价值的。

2.2.2 社区公园环境的健康恢复作用方式

根据前面对恢复性环境的理论认知，以及公园环境与健康恢复关系的阶段性分析，可以总结出社区公园环境的健康恢复作用方式包括以下三个方面。

1. 自然环境的恢复效用

社区公园环境中的自然环境要素可以促进居民心理、生理和社会健康全方位的恢复。自然环境要素指自然属性的元素，是自然生态系统的组成部分，带有自然界的特性，大气、阳光、土地、河川、植被、动物等都属于城市中的自然环境要素。自然环境的恢复效用主要表现在以下几个方面。

1）调节心理状况

社区公园内自然环境要素可以改善居民的心理状况，包括对压力、情绪、注意力等的调节和恢复作用。自然环境对缓解精神压力、消除疲劳具有明显效果[2,43]。居民访问社区公园与大自然接触能更好地应付压力[137]，同时能诱发更多的积极情绪[138]。

居民在自然环境中只需动用非常低的意识活动就可以达到精神压力的立即舒缓。这种舒缓包括生理指标如心率、血压、皮肤收缩水平等的降低，也包括焦躁不安等负向情绪的降低和乐观愉悦等正向情绪的提升。不同环境中受试者精力恢复效果的比对实验显示，自然环境中精力的恢复效果优于城市环境，处于精神疲惫、心情压抑的居民在自然环境中活动，其压力释放程度可达到 87%、头痛程度可减轻 52%[6]。在对自然环境的视觉感知和知觉体验研究中同样发现上述规律，当居民在观赏自然环境时，相比于观赏城市环境其心理压力释放表现出更加明显的生理特征，如血压、肌肉张力、皮肤电导脉冲值等明显减弱和降低[139]。在自然环境中活动的居民能更好地恢复认知能力和注意力，相比在城市环境中的居民能更好地集中注意力，在工作中效率更高[139]。另外，研究证明绿色相较于其他颜色，更有益于大脑神经系统。绿色面积占视域面积 25%以上时，就能起到对眼睛的保护作用，公园以自然环境为主体，绿色也占有很大比例，因此，公园的绿色环境可安抚居民紧张的神经，让呼吸缓慢而均匀，舒缓身心。

2）提供生态保健作用

自然生态环境条件良好的公园能有效地改善城市生态环境。自然环境要素本身具有天然的保健作用，如植物就包含了许多对人体健康有益的元素。植物的色、香、味，新鲜的空气及阳光对于感官的刺激都可以促进生理健康的恢复效应。其保健作用产生途径主要体现在以下几个方面：①环境因子（如新鲜空气、阳光流水、植物香气等）直接作用于人体生理生化过程；②通过居民的感觉器官（视觉、嗅觉、听觉、触觉等）给居民带来良好的生理和心理体验。

公园的自然环境能形成舒适的小气候，特别是在高温夏季，公园内的气温普遍比城市气温低，同时，绿荫能避免阳光给居民眼睛和皮肤带来伤害，提高人体舒适指数。公园的空气较城市干净，能产生较多的负离子，高浓度的负离子能调节神经系统，加快新陈代谢和血液循环，改善呼吸功能，对高血压、心脏病等都有辅助治疗的作用。另外，许多树木如香樟树、松树、侧柏等，都能够分泌出具有强烈芳香的挥发性物质，这些物质具有杀菌作用，能够净化空气，控制某些细菌蔓延，对人体生理健康具有良好的保健作用。

2. 促进体力活动

体力活动是指任何由骨骼肌收缩引起的导致能量消耗的身体运动[140]。现代社会中，体力活动不足是影响居民身心健康的重要因素。体力活动增加了能量消耗，能降低超重或肥胖的风险，同时也能降低心血管疾病、糖尿病等慢性疾病的发病率和死亡率[141-143]。社区公园环境下发生的体力活动主要指交通行程性体力活动和闲暇时间体力活动两种。公园可以鼓励居民行走和进行体力活动，通过体力活动保持健康，对于扭转当前日益下降的人群健康问题，起到举足轻重的作用[55]。

公园至少在两方面增加体力活动的可能性：提供了适合体力活动的环境，以及自然特征有助于形成居民乐意去的有审美吸引力的环境[144]。同时，绿色景观能促使居民进行更长时间的体力活动[145]。如果社区环境优美，居民也更倾向于步行出行，进行散步、跑步、骑自行车等体力活动，在行进过程中欣赏美丽的自然风光，愉悦身心[146, 147]。但是也有研究表明，访问公园与体力活动水平之间没有必然的联系[148, 149]，这也有待之后更深一步的研究。城市社区越来越密集，个别地段变小，自然环境越来越缺乏，与居民生活密切相关的社区公园将成为促进体力活动和个人健康更为重要的地方，社区公园为居民提供可达性高、环境良好的活动场地，鼓励居民参与并坚持运动。

另外，可以在公园进行植物栽培与园艺操作等园艺活动。园艺活动的核心是以自然景观为对象，参与到园艺劳动、植物栽培等有一定技术要求的主动性活动，大多数园艺活动都伴随着体力活动的展开，能够促进心肺功能的改善、提高免疫能力以及消除身体疲劳。

3. 增进社会交往

社会交往能力是指人与人或群体之间的交往和沟通能力，能够建立并维持良好的人际关系。良好的人际关系是心理健康的重要标志，使人们情绪稳定舒适，易于产生安全感；反之则会产生负面情绪，易于出现孤独感、抑郁感等不良心理状况，影响人们的身心健康。因此社会交往和健康之间存在正相关关系[150]。

社区公园提供社会交往的重要场所可以促进社会凝聚力和带来社会安全的感受[151, 152]。社区公园的增多与户外聚集以及社会交往的增多呈正相关，使社区居民形成更强的社会纽带[153]。居民可以在社区公园中开展各种集体活动，在活动过程中增进相互了解、提高社交能力，从而建立起社区归属感和地方精神等。同时，社区公园在青少年的跨文化交流和增进友谊方面起到了重要作用[154]。

2.2.3 社区公园环境的健康恢复转变趋势

基于公园环境与健康恢复在历史发展过程中深刻而悠久的关系，以及现代社会社区公园环境对城市居民健康恢复的支持作用，以健康恢复的角度看社区公园环境的发展趋势主要表现为以下两个转变。

（1）从单维健康向多维健康的探索。社区公园在发展初期所关注的健康以关注自然环境的生态效益为主，以产生生理健康为单一取向，或者只关注缓解精神压力，注重修养身心的健康作用。随着人们对整体健康概念的认识深入，意识到健康的多重维度，不仅指消除或减弱疾病，还是一个生理、心理和社会健康的完整状态。相应地，居民也出现对心理、生理和社会恢复多重维度的恢复需求，同时认识到良好的空间环境对健康具有恢复作用时，社区公园环境的健康恢复发展应从单一生理健康转变到生理、心理、社会健康的多维度探索，呈现出多维度共生的转变趋势。

（2）从消极被动保健向主动式的健康干预。为了抗击精神疾病与慢性病发生、遏止精神疾病与慢性病早发趋势，医学模式由治疗为主，向预测、预防为主转变。受此影响，社区公园从通过环境要素消极被动地进行健康保健，开始转向通过社区公园空间环境的营造引导健康的生活方式，不仅包括生物治疗，考虑对个体心理的影响，还要通过健康恢复活动的引导预防疾病，恢复整体的健康。这个转变意味着在人群处于亚健康状态时或疾病发生前，建立起公众健康系统的初级预防干预，这是在寻求健康的完整状态，探索健康生活方式的空间互动模式，加强社区公园环境对健康的主动式干预。

2.3　社区公园环境恢复行为解析

如前所述，恢复性环境能够满足人群的恢复需求，而恢复性环境的研究焦点是人，评估环境本身的同时更要深入理解环境中人的行为，行为集中反映了人的生理因素和心理因素与自然环境和社会环境相互作用的关系。环境如果不与人的行为发生互动关系，就只能以静止的状态存在而没有任何实际意义，只有空间与行为结合，构成一种环境与行为互动的场所，才会具有实际的效益。社区公园环境对居民恢复需求的实现途径，同样也以居民与公园环境的互动为前提，居民在公园环境中所产生的恢复行为是恢复需求得以满足的实现方式。通过公园环境改善居民的行为方式，引导居民在公园环境中进行恢复行为从而达到实现健康恢复的目的。

2.3.1　社区公园环境恢复行为调查

为了深入了解居民在社区公园环境中的恢复行为，本书在收集了大量相关文献的基础上，还通过开放式问卷调查以及非参与式的行为观察法来收集居民在社区公园环境中的行为活动以及开放式判断，对公园中居民的恢复行为类型与特征进行研究。

1. 研究设计与调研地点

1）研究设计

研究分为两个阶段进行。阶段 1 采用开放式问卷调查收集受访者"愿意在公园开展哪些行为活动"来恢复身心健康的开放式判断；阶段 2 采用行为观察法来记录居民在社区公园的行为与活动。

阶段 2 研究重点关注社区公园中居民行为活动类型与使用行为的差异，涉及居民、访问时间和行为活动三个影响因子，本阶段着重在行为层面进行分析与讨论，辅以对行为与空间环境关系的分析（图 2.2）。居民以性别和年龄进行划分，访问时间划分为工作日和休息日，行为活动以活动时长和活动方式进行划分。通过行为观察法对居民、访问时间和行为活动的基本情况进行提取，在 Excel 中对数据进行分析，对不同性别居民的行为活动（访问时间）差异、不同年龄居民的行为活动（访问时间）差异进行逐一分析。最后与阶段 1 关于"恢复身心健康的行为活动方式"的开放式判断结果进行综合分析，得到社区公园中居民的恢复行为类型与特征。

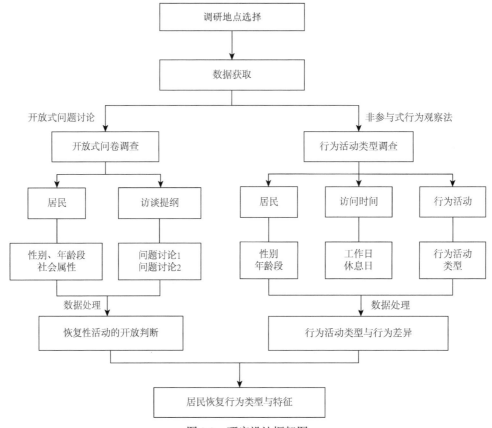

图 2.2　研究设计框架图

2）调研地点选择

本书根据以下条件作为调研公园的选择标准。

（1）社区公园主要的使用者为社区居民。好的社区公园需要与周围的生活环境紧密结合，同时社区居民能够方便地到达和进入。

（2）社区公园的设施必须为现今普遍可见的设施。本阶段研究试图透过行为活动的观察与对居民的访谈，发现现今公园普遍的行为规律，为避免挑选样本太过特殊而失去了参考价值，公园内的设施必须为现今普遍所配置的。

（3）涵盖的社区公园类型丰富。社区公园类型丰富，往往根据不同的设计要素和使用人群会产生不同风格的公园类型，为避免挑选统一形态的公园造成行为活动的单一，调研应选择多种类型的公园。

根据上述条件，选择重庆主城区的动步公园、模范村社区公园、万友七季城（A区）住区公园作为调研地点。

3）调研对象介绍

本次调研对象 1 动步公园（图 2.3）位于重庆市主城区渝北区。区域内以浅丘地貌为主，周围分布了大量的居住小区，因此公园的主要使用者为周边小区居民。动步公园是以运动为主题的城市社区公园，占地面积 3.4hm^2，呈不规则多边形。除了提供多种类型的活动场地和设施。在景观设计上层次十分丰富，包括密林、疏林、草坪等，与起伏的地势共同营造出多层次空间。

图 2.3　动步公园区位图

本次调研对象 2 模范村社区公园（图 2.4）地处重庆市主城区沙坪坝区。周边密布居住小区。模范村社区公园集休憩、运动、健身等多功能为一体，占地面积约 0.9hm^2，呈规则的长方形。除了提供多种类型的活动场地和景观设施，自然景观十分丰富。

本次调研对象 3 万友七季城（A 区）住区公园（图 2.5）地处重庆市南岸区重庆工商大学对侧万友七季城（A 区）小区内部。万友七季城是位于南岸区新南湖社区的大型都市居住区，住区设计寻求居住与城市的平衡、适度融合，因此万友七季城（A 区）住区公园相较于其他住区内的公园来说，具有更高的开放性和共享性，能够服务于周边各大住区的居民。万友七季城（A 区）住区公园占地面积约 1.1hm^2，呈带状分布，公园环境设计包括七大主题景观，使城市生活与自然环境更加和谐统一。

图 2.4　模范村社区公园

图 2.5　万友七季城（A 区）住区公园

2. 开放式问卷调查与分析

1）调查问卷设计

开放式问卷由问卷设计者提供问答题型，受访者根据问题自行构思自由发挥，并按自己意愿答出问题。特点是项目的设置和安排没有严格的结构形式，受访者可以根据自己的意愿发表意见和观点。开放式问卷调查是为正式问卷调查的科学设计做准备，更是与文献研究相互作用，一起作为下阶段理论模型与研究假设的支撑基础，以弥补从研究文献中不能获得的信息。本阶段通过开放式问卷调查主要达到的目的是：了解居民愿意在社区公园中开展哪些活动以恢复健康。

访谈以开放式问题讨论方式进行，访谈提纲中的问题如下。

（1）您一般缓解压力和疲劳、消除不良情绪、改善身体不适、保持身心健康的方法是什么？

（2）当您身心疲劳或压力增大、身体不适、状态不佳时，您愿意在社区公园中开展哪些活动来缓解不适和恢复健康？

调查访问时依据提纲中的问题引导受访者进行开放式自由讨论，不受限制地说出自己的想法，以收集研究需要的素材。并将调查访谈文字内容进行归纳整理，以供下阶段研究参考。

2）受访者特征

研究于 2014 年 9 月下旬展开，选取公园中 30 名居民进行开放式问卷调查，其中男性 11 人，女性 19 人。年龄分布从儿童、青少年、中年到老年各个阶段较为平均。

3）开放式问卷调查结论分析

通过对 30 名居民进行的开放式问卷调查，定性了解了受访居民关于恢复健康的行为活动方式的看法。调查结果显示，居民指出"一般缓解压力和疲劳、消除不良情绪、改善身体不适、保持身心健康的方法"共涉及描述词组 196 个，可归纳为逛公园、静坐或睡觉、健身运动、看电影和电视、逛街和购物、吃美食、向家人或朋友倾诉、听音乐、吃药九个类别（图 2.6）。其中，逛公园包括受访居民提到的关于在公园内休息、散步、玩耍、遛狗、锻炼等活动。逛公园类别下相关词组共被受访居民提到了 45 次，占总数的 23%，几乎所有受访居民都提到了此方法。受访居民指出愿意在社区公园中"缓解不适和恢复健康的活动类型"共涉及描述词组 134 个，可归纳为放松和思考、观赏植物、阅读和写作、聊天、吃喝、听音乐以及散步和运动七个类别（图 2.7）。

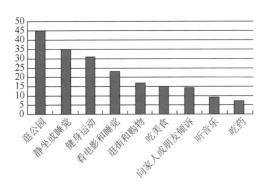
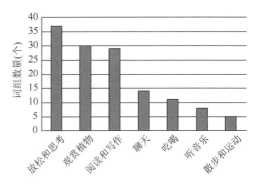

图 2.6　缓解压力保持身心健康的活动类型　　图 2.7　在社区公园中愿意开展的恢复活动类型

3. 行为活动调查与分析

1）数据收集

本阶段采用非参与式行为观察法，将使用人群划分为不同年龄段和不同性别。由于本阶段为非参与式行为观察,因此采用目测的方法记录居民的年龄段,参照中国的年龄分段标准,将公园中居民年龄段分为童(少)年(0~17 岁)、青年(18~40 岁)、中老年(41岁以后)三个阶段。

研究于 2014 年 9 月下旬共计六天(休息日三天)在动步公园、模范村社区公园、万友七季城(A 区)住区公园进行了实地观察记录,每个社区公园观察两天(工作日和休息日各一天)。保证所有观察日的天气状况良好并适于户外活动,同时包括了周末和工作日的不同时段,以尽可能在时间采样上做到全面。观察记录分为三个时段:上午(07:00~12:00),下午(12:01~18:00),晚上(18:01~22:00)。

研究采用 10 分钟的单位观察时间记录观察区域的居民,记录居民的性别、年龄、活动内容。观察范围涵盖整个公园,由于社区公园的面积不大且人流量较小,基本每个公园都能在 2~4 个观察区域记录完整。对于某些时段人流量加大时,采用相机捕捉居民行为活动的瞬时场景,以便后期的补充和分析。

2)数据分析

(1)居民构成。动步公园总取样人数 362 人,其中男性 188 人,女性 174 人;童(少)年 65 人,青年 133 人,中老年 164 人。模范村社区公园总取样人数 218 人,其中男性 97 人,女性 121 人;童(少)年 34 人,青年 86 人,中老年 98 人。万友七季城(A 区)住区公园总取样人数 175 人,其中男性 66 人,女性 109 人;童(少)年 39 人,青年 55 人,中老年 81人(图 2.8)。

(2)时段差异。根据观察记录的时段不同,社区公园内的居民构成也有差异化表现,分时段说明如表 2.3 所示。除了一天之内时段差异导致居民构成的差异,工作日与休息日在居民构成上也有差异化表现,差异化主要体现在青年和童(少)年人数在休息日多于工作日,而中老年者人数在工作日和休息日变化不大。

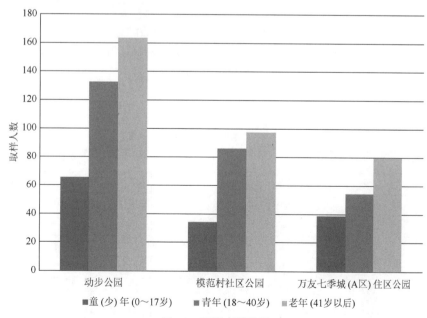

图 2.8 取样人数统计

表 2.3　取样人数的时段差异

时段	动步公园	模范村社区公园	万友七季城（A区）住区公园
上午（07：00～12：00）	居民以中老年居多、少数青年；无童（少）年；极少数青年带幼儿；性别分布较平均	居民以中老年居多、少数青年和儿童、几乎无少年者；性别分布较平均	居民以中老年居多、少数青年和童（少）年；性别分布较平均；女性妈妈带儿童者多
下午（12：01～18：00）	居民各个年龄段分布平均；中老年、童（少）年性别分布较平均；青年男性多于女性	居民以中老年居多、少数青年和童（少）年；中老年性别分布较平均；青年女性多于男性	居民中老年和青年人数相当；性别分布较平均；儿童多于少年；中老年性别女性多于男性；青年性别分布平均
晚上（18：01～22：00）	居民中老年和青年人数相当；童（少）年较少；男性多于女性	居民各个年龄段分布平均；女性多于男性	居民各个年龄段分布平均；儿童较少；女性多于男性

（3）行为活动汇总。将观察记录结果汇总得到表 2.4，该表显示了三个公园在观察记录时间内的总访客量及各个行为活动类型的参与情况。不同公园的居民行为活动也有所不同。

动步公园中居民的行为以自由活动和步行者最多，分别达到了总人数的 14.92% 和 13.81%；其次为使用健身设施来运动的居民，达到了 12.71%；另外还有 11.05% 的居民从事聊天行为，8.01% 的居民进行球类运动，这与动步公园提供了丰富的运动场地和健身设施有关。其余行为还包括跑步、拍照、跳舞、站立等。另外大面积的草坪也引发了居民躺、坐卧草地的行为。

模范村社区公园中居民的行为以步行最多（16.97%），其次为自由活动（11.01%），另外静坐（10.55%）和聊天（9.63%）也相对较多，这与社区公园设置了大量的休息设施有关。同时也引发了居民打牌（5.50%）、下棋（0.92%）等行为。其余行为还包括带小孩、跳舞、跑步、拍照、站立等。

万友七季城（A区）住区公园中居民的行为以自由活动最多（16.57%），其次为步行（11.43%），另外跳舞（9.14%）和使用娱乐设施（8.00%）也相对较多，聊天（7.43%）、带小孩（7.43%）的行为较多，这与社区公园与居住紧密融合在一起有关。其余行为还包括静坐、站立、跑步、遛狗等。

表 2.4　公园中居民行为活动汇总表

行为类型	动步公园（人数）				模范村社区公园（人数）				万友七季城（A区）住区公园（人数）			
	男	女	总	占比/%	男	女	总	占比/%	男	女	总	占比/%
躺着	8	3	11	3.04	0	0	0	0	1	0	1	0.57
静坐	13	11	24	6.63	11	12	23	10.55	3	9	12	6.86
站立	6	4	10	2.76	9	11	20	9.17	4	12	16	9.14
步行	23	27	50	13.81	18	19	37	16.97	9	11	20	11.43
跑步	9	12	21	5.80	3	0	3	1.38	5	1	6	3.43
骑车	2	0	2	0.55	1	0	1	0.46	1	2	3	1.71

续表

行为类型	动步公园（人数）				模范村社区公园（人数）				万友七季城（A区）住区公园（人数）			
	男	女	总	占比/%	男	女	总	占比/%	男	女	总	占比/%
看书	0	2	2	0.55	0	0	0	0	0	1	1	0.57
聊天	16	24	40	11.05	9	12	21	9.63	6	7	13	7.43
下棋	6	0	6	1.66	2	0	2	0.92	2	0	2	1.14
打牌	8	2	10	2.76	8	4	12	5.50	0	0	0	0
拍照	2	8	10	2.76	0	4	4	1.83	0	1	1	0.57
球类运动	21	8	29	8.01	4	0	4	1.83	0	0	0	0
带小孩	2	8	10	2.76	3	11	14	6.42	2	11	13	7.43
用健身设施	29	17	46	12.71	9	12	21	9.6	6	5	11	6.29
用娱乐设施	4	3	7	1.93	0	0	0	0	5	9	14	8.00
跳舞	0	12	12	3.31	2	18	20	9.17	0	16	16	9.14
自由活动	29	25	54	14.92	11	13	24	11.01	12	17	29	16.57
车里或被抱小孩	2	3	5	1.38	4	2	6	2.75	5	3	8	4.57
遛狗	1	3	4	1.10	0	2	2	0.92	3	4	7	4.00
用餐	2	2	4	1.10	0	0	0	0	2	0	2	1.14
打闹	5	0	5	1.38	3	1	4	1.83	0	0	0	0
合计	188	174	362	100	97	121	218	100	66	109	175	100

本次观察共记录居民 755 人次，行为活动多达 21 种。图 2.9 中居民的行为活动主要集中在自由活动（20.84%）、步行或跑步（19.78%）、放松休息（16.23%）、设施活动（14.46%）、社会交往（12.02%）以及场地活动（10.24%）。

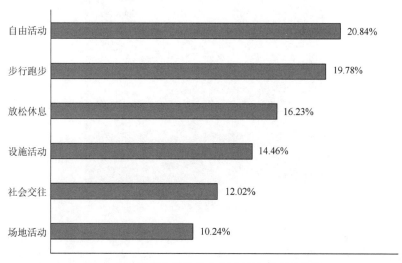

图 2.9　观测期内行为发生频次较大的项目统计

2.3.2　社区公园环境恢复行为提取

社区公园中居民的行为活动是多种多样的，不同种类的行为具有自身的特点，对居民恢复的支持力也有所不同。马库斯（Marcus）等将公园内的活动分为典型活动（typical activities）和反社会活动（anti-social activities）[24]。公园中的典型活动涉及社会所能接受的方方面面，可以分为传统活动和非传统活动两种类型，其中传统活动包括休憩观景、休闲活动、散步慢跑、野餐等（图 2.10）；非传统活动包括遛狗、青少年极限运动、溜旱冰等（图 2.11）。反社会活动如流浪、犯罪、故意破坏行为等（图 2.12）。典型活动之间也许会让人群之间产生小小的冲突，但传统活动和非传统活动都有别于反社会活动。

图 2.10　传统活动　　　　　　图 2.11　非传统活动

图 2.12　故意破坏行为

开放式问卷调查与行为活动调查的结果显示，居民受访者指出在社区公园中缓解不适和恢复健康的活动类型，与行为活动调查中观察记录的行为基本重合，属于公园内的典型活动。对于前面提到的反社会活动，比如观察记录到的极个别的故意破坏行为，开放式问卷中居民受访者都没有提及。也就是说，除了反社会活动，在公园中的所有行为活动都有可能具有恢复性效应。开放式问卷调查结果对居民的行为总结了七个类型，调查记录了21 个行为活动。以前面对社区公园环境健康恢复作用方式为基本依据，按照居民恢复需求的心理健康恢复、生理健康恢复和社会健康恢复三个层面，对上述行为活动类型进行恢复性分析，提取这些恢复行为的共性（表 2.5）。

表 2.5　社区公园环境恢复行为提取

恢复需求层面	恢复需求特征	恢复作用方式	恢复行为活动内容	恢复行为特征
心理健康恢复	焦虑、紧张、抑郁、暴躁、孤独、失眠等	调节心理状况等	欣赏自然美景、观赏动植物、静坐、看书、冥想、聊天、聚会、散步等	以接触自然、放松思考、社会交往等行为为主
生理健康恢复	肥胖症、身体疼痛、体力不足、慢性病等	促进体力活动、生态保健等	呼吸清新空气、散步、跑步、球类运动、使用娱乐健身设施活动、嬉戏玩耍等	以设施活动、场地活动、自由活动等行为为主
社会健康恢复	与社会隔离，交流、相处、理解、适应力差等	增进交流沟通等	聊天、聚会、打牌、喝茶、球类运动、舞蹈武术、带小孩等	以社会交往、场地活动等行为为主

（1）心理健康恢复层面的恢复行为特征。从心理健康恢复层面对居民在社区公园中的行为进行分析，恢复行为主要通过对居民负向情绪的调节来改善心理状况。情绪有正向（积极的）和负向（消极的）之分，正向情绪对人的发展具有推动作用，产生积极影响；负向情绪如精神压力、紧张、焦虑、恐慌等不利于心理健康，甚至使人产生攻击或破坏性行为。在社区公园的恢复行为中，接触自然的行为（如欣赏自然美景、观赏动植物、听鸟鸣和水声等）在缓解精神压力、消除不良情绪方面有着良好的效果。除此，在社区公园中放松和思考（如静坐、看书、冥想、用餐、呼吸清新空气等）以及一些社会交往活动都有利于改善心理状况，有利于心理健康的恢复。

（2）生理健康恢复层面的恢复行为特征。从生理健康恢复层面对居民在社区公园中的行为进行分析，恢复行为主要通过对居民体力活动的促进以及自然环境的生态保健作用来改善生理状况。现代城市中居民长期的不良生活习惯（如久坐不动、暴饮暴食、体力活动不足）会导致生理机能的退化，产生肥胖症、身体疼痛等症状，长此以往还会产生多种慢性病，影响居民的生理健康。在社区公园的恢复行为中，如散步、跑步等交通行程性体力活动；如居民依托娱乐健身设施进行活动、依托场地进行球类运动或舞蹈武术等健身活动，以及在公园中随意的自由活动等闲暇时间体力活动，都有助于居民增加能量消耗，进行积极、规律的体力活动，改善不良的生活习惯，使生理健康得到恢复。

（3）社会健康恢复层面的恢复行为特征。从社会健康恢复层面对居民在社区公园中的行为进行分析，恢复行为主要通过对增进居民的社会交往以及提升人际关系来改善社会适应状况。现代城市环境使居民的社区生活较为闭塞和隔离，居民间的沟通交流变少、人际关系失调会导致人群社会适应力下降，产生一系列负面情绪（如抑郁暴躁、孤独感、不安全感等），影响居民的身心健康。在社区公园的恢复行为中，球类运动、舞蹈、武术、健身活动、场地活动等都能增加人们之间的互动交流；居民聊天、聚会、打牌、喝茶等社会交往活动，都能极大地促进居民之间的沟通，重拾人际关系，提升社会适应力，使社会健康得到恢复。

2.4　社区公园恢复性环境内涵阐释

2.4.1　概念形成

　　城市居民遭受到城市环境恶化引发的多方面的健康问题，引起整体健康失衡，生理、心理和社会资源被消耗，恢复需求就产生了。居民的恢复需求可以通过有效环境的提供得到满足，在恢复的过程中，居民对身处环境的感受直接影响恢复的效果，在前面将这种表现定义为环境的恢复性，环境的恢复性作为环境的一种属性，决定了居民在环境中是否能得到有效恢复。在城市高密度的发展趋势下，社区公园环境是十分有效可贵的城市恢复性环境资源，可以极大地满足居民的恢复需求。社区公园恢复性环境概念的形成，并不是建构一种全新的环境分支，而是在恢复性环境视野下对社区公园环境体系研究的一种发展和补充，以恢复性环境的理论为基础，基于当今的城市社会背景与居民健康恢复的需求，对既有社区公园环境的进一步理解。

　　社区公园恢复性环境概念形成的思维过程可以简述为（图 2.13）：环境中的构成要素中，以自然环境为主，包括某些人工环境和社会环境，对环境中的居民产生恢复性效果，帮助居民缓解精神压力、消除不良情绪、减少心理疲劳并恢复注意力、促进居民身心健康的恢复，这种具有恢复性效果的构成要素所组成的环境称为恢复性环境。社区公园环境属于环境的一部分，其构成要素可以分为物理环境和心理环境，当这些构成要素符合恢复性环境特征时，处于社区公园环境中的人会获得身心健康的恢复。同时，人的行为与环境的互动是环境发挥恢复作用的前提和基础，恢复性环境的研究以人为焦点，而社区公园与居民的生活关系密切，对社区公园恢复性环境的探讨，除了评估环境本身，更应深入理解公园环境中居民的行为活动，进而探讨问题的本质。

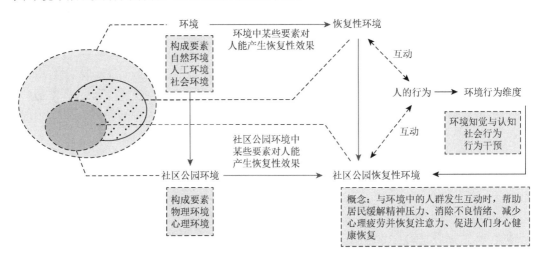

图 2.13　社区公园恢复性环境概念形成的思维过程

社区公园中环境行为维度的引入，将扩充"社区公园恢复性环境"的内涵，进而形成"社区公园恢复性环境"的概念：社区公园环境中的某些特征要素能与环境中的居民发生互动时，帮助居民缓解精神压力、消除不良情绪、减少心理疲劳并恢复注意力、促进居民身心健康恢复，具备这些特征要素的环境称为社区公园恢复性环境。将社区公园恢复性环境对居民健康恢复发挥的促进（或阻碍）作用表述为社区公园恢复性环境的恢复性效应。

2.4.2　基本特征

社区公园恢复性环境的基本特征是指其自身所具备的特殊性质，是区别于其他环境的基本特征和标志，也是其内涵的体现。基于卡普兰夫妇归纳出恢复性环境的四个特征（距离感、延展性、迷人性和相容性），并结合恢复性环境的相关理论研究以及社区居民的恢复需求和社区公园环境的自身特点（表 2.6），社区公园恢复性环境的基本特征主要包括以下四个方面。

（1）自然性特征。自然性特征指的是社区公园恢复性环境以自然元素为重要组成部分，具有自然环境的基本特征。恢复性环境的相关理论已经从不同角度阐释了自然环境在人群健康恢复方面的作用及机理，相关研究也证实了自然环境具有卡普兰夫妇所归纳出恢复性环境的四个特征，自然环境本身就是最为重要的恢复性环境资源。自然环境将会对人们情感反应、行为方式取向和注意力放松产生积极的促进作用，对人们的心理生理压力产生恢复作用。在城市中，社区公园环境扮演着自然环境的重要角色，为人们提供亲密接触自然的机会。因此，社区公园恢复性环境的自然性特征是其最为基本和主要的特征。

（2）距离感特征。距离感特征是指处于社区公园恢复性环境中的个体在心理上和地理上感觉远离导致注意力衰退和心理疲劳的日常生活，让个体思维从原本高度集中的注意力中抽离，或通过心理的调整（如改变思维的内容、静坐冥想等）使疲惫的身心得以缓解，最终获得身心健康的恢复。

（3）魅力性特征。魅力性特征是指社区公园恢复性环境的整体或某些要素能够自然而然地引人入胜，甚至直接吸引人的注意力，环境包含的内容有一定的丰富性能让个体长时间回味，从而使人们避免刻意集中注意力从而得到休息，引发个体产生审美的、愉悦的情绪心理体验，从而使个体获得更深层次的、更有意义的身心恢复。

（4）恢复行为支持性特征。恢复行为支持性特征是指社区公园恢复性环境能够有力地支持个体实现想要完成的恢复行为，环境中具备足够的内容和一定的结构来占据视野与思维，与个体的偏好和目的相符，并刺激恢复行为的发生，使个体能够全身心地投入环境的探索中，达到身心健康的恢复。

表 2.6　社区公园恢复性环境基本特征的理论来源

基本特征	理论来源
自然性特征	注意力恢复理论；心理进化理论（自然性）；自然偏好理论；循证设计理论（自然性）；园艺疗法理论（五感刺激，本能激发）
距离感特征	注意力恢复理论（距离感）
魅力性特征	注意力恢复理论（迷人性、延展性）；心理进化理论（愉悦感）
恢复行为支持性特征	注意力恢复理论（相容性、延展性）；园艺疗法理论（园艺治疗，肌体锻炼）；循证设计理论（社会支持与交往、运动与锻炼）

2.5　本　章　小　结

　　恢复性环境视角下的社区公园恢复性环境研究是以一系列理论为基础的。本章首先对恢复性环境的理论发展与价值启示进行了阐明,恢复性环境作为对人群身心健康有益的环境,能够更好地应对人群健康问题的多样性和复杂性。随着人们对"健康"概念认识的深入,城市居民的健康恢复需求涵盖了心理健康、生理健康、社会健康等在内的整体健康的恢复。在城市高密度的发展趋势下,社区公园环境可以极大地满足居民的恢复需求。纵观公园环境与健康恢复关系的历史演进过程,可以看到公园环境在健康恢复方面的重要作用与价值,同时总结出社区公园环境的健康恢复作用方式包括自然环境的恢复效用、促进体力活动和增进社会交往,在健康恢复的视野下看社区公园环境的发展,出现了从单维健康向多维健康的探索,以及从消极被动保健向主动式的健康干预两个转变趋势。健康恢复是一种状态,恢复行为是实现健康恢复的主要途径,根据环境行为科学的研究,恢复行为与环境存在着互动和必然联系。结合社区公园开放式问卷调查与行为活动调查结果,按照居民恢复需求的三个层面对居民行为活动类型进行恢复性分析,并对各个层面恢复行为特征进行总结。最后,基于以上研究阐释了社区公园恢复性环境的概念内涵,在概念中强调了社区公园环境中的特征要素与居民发生互动时所产生的恢复促进作用,并总结出所具有的自然性、距离感、魅力性和恢复行为支持性四个基本特征。

　　从理论支持到内涵阐释,本章分析建立了比较全面的社区公园恢复性环境认知框架,为社区公园恢复性环境体系构成与影响机制理论模型构建提供理论支持。

第3章 社区公园恢复性环境体系构成与影响机制理论模型构建

在一个多维度视野研究下，社区公园恢复性环境作为一个综合的概念，是人群、环境、行为等要素相互作用形成的复合体系，通过一定的作用机制使要素间相互依存并互相作用而形成的复杂整体，以满足居民的恢复需求。本章基于前面对社区公园恢复性环境内涵的基本认知，对社区公园恢复性环境体系运行结果和构成要素进行剖析，并对要素间的相互作用的路径特征进行推导。在此基础上，构建社区公园恢复性环境影响机制的理论模型，为进一步的实证研究提供理论基础和操作支持。

3.1 社区公园居民恢复性效应的恢复维度

社区公园恢复性环境作为一种复杂的"环境—行为"相互作用的综合体，体系运行结果所呈现的特征主要表现在社区公园恢复性环境与居民行为互动过程中所产生的健康恢复作用，在前面将这种作用表述为社区公园恢复性环境的居民恢复性效应，不同的环境特征对居民获得恢复的支持能力表现不同，社区公园恢复性环境的居民恢复性效应表现为促进恢复作用。当居民处在公园恢复性环境中时，焦虑抑郁等负面情绪会得到疏解、注意力水平得到恢复、精力水平和身体活动水平增加、社会交往增多等现象。以社区公园环境的健康恢复作用方式（自然环境的恢复效用、促进体力活动和增进社会交往）为依据，将不同现象进行同类整合，可以总结出，当居民处在社区公园恢复性环境中时，会自动进行心理状态、生理水平、社交能力这三个方面的积极调整与恢复，这三个方面构成了社区公园恢复性环境的恢复维度：心理恢复维、生理恢复维、社交恢复维。三个维度相互作用、相互影响构成一个整体，形成了社区公园恢复性环境体系运行所要达到的结果——居民恢复性效应（图3.1）。

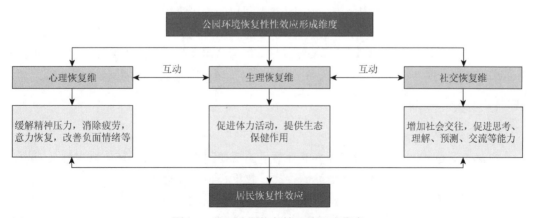

图 3.1 社区公园恢复性环境形成维度

（1）心理恢复维指社区公园恢复性环境的居民恢复性效应中对于居民心理状况的改善，包括对压力、疲劳、情绪、注意力等的调节和恢复作用。根据社区公园环境的健康恢复作用方式中自然环境的恢复效用，自然环境要素具有调节心理状况的积极作用；另外，健康恢复作用方式中增进社会交往，可以通过改善和提升人际关系的能力，使居民产生安全感、舒适感，达到情绪稳定的作用。

（2）生理恢复维指社区公园恢复性环境的居民恢复性效应中对于居民生理水平的改善，包括对精力水平和身体活动水平、慢性疾病等的调节和恢复作用。促进体力活动是社区公园环境健康恢复作用方式之一，居民体力活动的促进增加了能量消耗，能降低超重或肥胖的风险，也能降低心血管疾病、糖尿病等慢性疾病的发病率和死亡率；另外，健康恢复作用方式中自然环境提供生态保健作用，对居民生理健康具有良好的促进作用。

（3）社交恢复维指社区公园恢复性环境的居民恢复性效应中对于居民社交能力的改善，包括对社会交往，思考、理解、预测、交流等认知能力的调节和恢复作用。增进社会交往是社区公园环境健康恢复作用方式之一，能增加社会支持、社会交往和社会信任，建立良好的社交能力。

3.2　社区公园恢复性环境体系要素

社区公园恢复性环境体系是一个"环境—行为"相互作用形成的复合体系，因此社区公园恢复性环境体系的要素构成包括环境要素和行为要素两个主要部分。

3.2.1　社区公园恢复性环境的环境要素

环境是指围绕在某一中心事物的空间，并对中心事物的行为产生某些影响的外界事物[155]。一般以人为中心事物，将人以外的一切事物看作环境因素，是人与外界空间相互接触、相互作用的活动场所。环境的组成十分复杂，包括各种无形和有形的要素。社区公园恢复性环境的环境要素是社区公园中具有恢复性效应的环境，从构成来看也包括各种无形和有形的要素，根据环境要素的常规分类标准，社区公园恢复性环境的环境要素构成可归纳为两大类：物理环境和心理环境。其中物理环境可以对居民产生恢复性行为的心理诱导，而心理环境是推动物理环境利用的内驱力。物理环境又可以分为自然环境和人工环境。社区公园恢复性心理环境主要源于物理环境的要素特性，包括人的审美情绪与行为动机，是居民对社区公园环境的心理感受。社区公园环境的恢复性效应与公园环境特征密切相关，基于文献研究和前面对社区公园环境与健康恢复关系的分析，对社区公园恢复性环境要素分析如下。

1. 物理环境要素

1）自然景观要素

自然景观是社区公园环境发挥恢复性效应的重要因素，社区公园环境恢复性效应与公园中自然景观（植物、水体、地形）的种类、数量和布局等密切相关。

在公园环境的布局与设计中，植物是一个极其重要的自然景观要素，包含了野生或人工栽培的树木、灌木、藤类、青草等熟悉的生物。植物本身在大小、形态、色彩、质地以及全部的性状特征上，都各有变化，并且有丰富多彩的效果，因此植物在公园环境中蕴涵了许多的功能[156]。一般来说，植物在公园环境中主要有环境、观赏和空间营造功能。环境功能是指植物的生态效应，能影响空气的质量、调节小气候等；观赏功能是指植物的大小、形态、色彩和质地等特征的观赏价值，以及与总体布局和周围环境的关系所创造统一、强调、识别、软化、框景等可观赏的美学效果；空间营造功能是指植物能够在环境中充当构成和组织空间的因素。通过植物的大小、形态、封闭性和通透性等可以建造出不同类型（封闭、半封闭和开敞等）和不同性质（私密、雄伟、活泼和严肃等）的空间，也可以影响和改变人们的视线方向。

水体是公园环境中另一重要的自然景观要素。人类有着本能地利用水和观赏水的需求。水体具有丰富的自然特性，如可塑性强，状态（静水、动水）多样，水声效果丰富，还有变幻莫测的水中倒影。根据水体的自然特性，结合不同环境需求，设计成具有美学观赏功能的静水、流水、瀑布、喷泉以及各种水景组合。

地形是地貌的近义词，是地表的外观形态。在公园环境中，地形一般包含土丘、台地、斜坡、平地等。地形直接联系着众多环境要素和环境外貌，影响空间的构成和空间感受，对植物、水体、建筑、铺地等环境要素起到支配作用，连接环境中的所有要素。具有分割空间、控制视线、影响游线路径和速度、改善小气候、美学等功能。

植物所具有的空间营造、观赏和环境功能及特性、水景观赏性以及地形起伏变化特征，能在自然环境调节心理状况和生态保健效用、促进体力活动、增进社会交往等方面全面地发挥社区公园环境的健康恢复作用。自然景观要素中植物、水景和地形是社区公园自然环境产生恢复性效应的重要因子，植物（数量、种类和色彩）丰富、水景观赏性强和地形起伏有高差变化的积极特征能够主动帮助公园环境中的居民产生有效的恢复性体验，使其消耗的心理、生理和社会资源能够得到恢复，对居民的恢复产生积极而正向的促进作用。自然景观要素对于社区公园恢复性环境的基本特征（自然性特征、距离感特征、魅力性特征和恢复行为支持性特征）均有体现。

2）人工设施要素

社区公园环境中的人工设施要素对恢复性效应的发挥具有支持作用。人工设施的种类很多，包括休息设施、娱乐设施、健身设施、服务设施等。社区公园环境恢复性效应与公园中休息设施、娱乐健身活动设施的种类、数量和设计等密切相关。

休息设施主要包括专门进行休息的基本座位和兼顾就坐功能的辅助座位，如花坛、矮墙、台阶等。居民在公园中的小坐休憩是最基本的活动，借助休息设施，观景、放松、思考、阅读、聊天、下棋等恢复行为得到支持和发生。休息设施的数量、布局和舒适性等设计对满足居民不同使用要求和心理需求、营造不同空间氛围等都密切相关。

娱乐健身活动设施主要包括在户外环境中安装固定，供居民进行娱乐活动和健身活动的器材设施，以及供居民进行娱乐健身活动的人工硬质场地。娱乐健身活动设施的合理设计，可以提供给居民丰富多样的娱乐健身活动，促进体力活动的同时，增进居民间的交流与交往。

休息设施与娱乐健身活动设施的设计和布局能在促进体力活动、增进社会交往等方面全面地发挥社区公园环境的健康恢复作用，同时，借助休息设施的支持还可以发挥自然环境调节心理状况的效用。休息设施的数量、布局和舒适性等设计将显著影响居民访问公园的持续时间和频率，以及恢复行为的支持和发生；娱乐健身活动设施的数量和种类的配置也将直接影响居民进行体力活动的行为。人工设施要素对于社区公园恢复性环境的恢复行为支持性特征具有重要体现，同时，休息设施对静坐冥想、观赏自然风景等恢复行为的支持还有助于社区公园恢复性环境距离感特征的体现，娱乐建设活动设施对多样化体力活动的支持还有助于社区公园恢复性环境魅力性特征的体现。

2. 心理环境特征因素

心理环境主要包括人的审美情绪与行为动机，是居民对社区公园环境的心理感受。心理环境可以带来正面心理感受，也可以带来负面或中性的心理感受。心理环境主要源于物理环境的要素特性，个体差异（如性别、年龄、文化水平、社会地位等因素）也会对心理环境产生部分影响。个体根据感受到的心理环境的不同，限制或推动对物理环境的利用。心理环境要素非常丰富，环境美学学者根据人们的审美心理将心理环境要素分为三个层次。第一层次是"形式美"，是来自于感官的直接反应，是对感知环境的客观描述；第二层次是"情景美"，是一种基本情感触动，相对于第一层次是更为复杂的心理体验；第三层次是"内涵美"，是人们对内涵和意义的感知，是最高层次的心理感受。按照审美心理的三个层次归纳如下：①形式感要素，包括自然性、有序性、层次性、丰富性、卫生度等；②情景感要素，包括观赏性、安全性、氛围性、隐蔽性、方便性等；③内涵感要素，包括私密性、愉悦性、归属性、舒适性、吸引性等。

符合人们审美需求的心理环境能够产生良好的心理环境感知，良好的社区公园心理环境感知是让居民注意力得到恢复，精神压力得到缓解以及健康恢复行为得以发生的基础。同时，也能支持居民访问社区公园的持续时间和频率，以及在公园中更积极地参与有益身心健康恢复的行为。

对于社区公园恢复性环境要素构成，心理环境特征因素在审美心理需求之上，还具有一些独特性。根据恢复性环境研究成果，并结合社区公园环境的健康恢复作用方式和社区公园恢复性环境的基本特征，对以上心理环境要素进行提炼，能够有力地支持社区公园产生恢复性效应的心理环境特征因素包括以下几方面。

1）空间氛围性

空间氛围可以理解为对于空间内涵的表现和深化，通过借助空间物理环境要素向外延伸，引发环境中个体生理和心理的双重反应，并且形成一种可以体验的环境气氛。空间氛围性的表现形式多种多样，空间性质和人们需求的不同，所需要的空间气氛也有所不同。社区公园环境健康恢复作用方式中，自然环境调节心理状况的效用是最为基础和重要的，而自然环境要素对于居民心理状况改善，需要安静的空间氛围对其恢复行为进行支持。氛围安静的环境感知能让居民进行休息、看书、冥想、观赏自然风景等恢复活动，从而缓解精神压力、提升情绪，也有利于居民在聊天、下棋等社会交往活动时不被干扰。因此，对于社区公园恢复性环境的气氛，应是一种安静的空间氛围，有助于社区公园恢复性环境距离感特征和恢复行为支持性特征的体现。

2）空间安全性

根据马斯洛的需求层次理论，居民参与社区公园中的活动动机就是要满足自己从生理到自我实现的各种需求,当最基本层次生理需求(即基本的衣食住行等条件)得到满足之后,就会上升到高一级的需求,即安全需求。居民对社区公园的安全需求主要体现在居民对环境安全感受及安全保障设施的需求上。前面提到的恢复性环境相关理论(瞭望—庇护理论)认为,人们所喜爱的环境需要提供庇护的场所以保证安全性,同时又具有良好的视线可以观察,安全性是瞭望—庇护环境中最重要的特性之一,是产生庇护感的基础条件,包括生理的安全需求以及潜在意识的安全感受。因此,空间的安全性是社区公园环境健康恢复作用方式发挥效用的必要条件,不仅要保证环境中居民的生理安全,还要满足居民安全性的心理需求,有利于支持居民恢复行为的发生和持续。

3)社会行为性

社区公园环境中恢复行为都属于社会行为,其特征之一就是居民必须与其他人一起共享空间,居民在环境中的行为难以避开社会行为,社会行为通常会在公共开放空间表现得特别明显。环境心理学和环境行为学一般将环境中的社会行为归纳为领域性、个人空间和私密性等方面,这几方面相互联系,构成了具有社会行为性的心理环境特征。

领域性(territoriality)指由个人或一部分人所专有控制的空间,当空间被侵犯时,空间的拥有者会做出相应的防卫反应。领域性是人的空间需求特性之一,是个人有效利用个人空间的基础,也是满足个人空间的方式[157]。从对领域性的各种定义中,可以归纳出领域性三个方面的特性:排他性、控制性和空间范围性。在公园环境中,通过建立边界和描述领域,有助于人们识别空间特征,产生归属感,并且能够合理地指导自身的行为。

个人空间(personal space)是个体占有的围绕自己身体周围的一个无形空间,该空间如果受到他人干扰,会立即引起个体下意识的积极防范[14]。个人空间的界限没有固定,是一种变化的界限调整现象,它是随着人身体移动而移动的,具有伸缩性。个人空间是一种人的生理和心理的变化,合适的个人空间设计有助于产生积极的效果。

在现实生活中,人们一方面对社会交往、人际沟通予以很多关注,另一方面对一定程度的自我封闭表现出需求倾向,寻求自我隐匿,这说明人群在交往活动中寻求一种公共性与私密性的统一。私密性(privacy)与领域性有非常密切的关系,私密性是有选择地控制他人接近自我或其他群体的方式。简单来说,人们其实是有办法控制自己对他人开放或封闭的程度。因此私密性已经不同以往,它并不是拒他人于门外,与各种信息隔绝,而是一种界限控制过程[158]。

在社区公园环境中,通过合理的环境设计,满足居民对空间社会行为性的需求。一方面要保持居民对私密性的要求,又要让人和外界达到一定的接触,创造交往的空间,注意到个人空间距离的合理利用,带来积极的心理体验。根据社区公园恢复性环境的距离感特征和恢复行为支持性特征的内涵,居民对社区公园心理环境的社会行为性需求主要表现为私密性特征,即居民能够在环境中独自表达情感,放松自己的情绪,充分自我思考;同时隔离外界的干扰和交流。

4)环境偏好度

环境偏好(preference)是人与环境互动之后产生的结果,反映人对环境喜欢程度的态度。在环境心理学的研究范畴中,是个体与环境相互作用的过程,从对环境的观赏开始,逐渐认知环境,最后对环境进行评估所产生的环境偏好结果。卡普兰夫妇经过多年的实证研究，建立了环境偏好矩阵（表3.1）可以用来预测人对环境的偏好[118]。对该矩阵的解释如下：人们在处理环境所产生的资讯时，借由空间组织的情形来帮助本体理解环境，并激发本体探索更深入的环境组织。该矩阵由"了解—探索"和"立即的—预测的"两个维度组成（表3.1），通过连贯性、易识别性、复杂性和神秘性四个要素对环境偏好进行预测[159]。

表 3.1　环境偏好矩阵

维度	了解（understanding）	探索（exploration）
立即的（immediate）	连贯性（coherence）	易识别性（legibility）
预测的（inferred）	复杂性（complexity）	神秘性（mystery）

连贯性是环境要素相互联系和有组织的程度。环境要素有序地聚集在一起，且常运用重复，这样的环境要素通常会使环境具有层次感并且连贯。易识别性是对环境易于识别和理解的程度。环境空间中具有清楚的方向感，容易找到出路或者回到起点，通常构成此环境的要素具有明显的特性，容易辨识。复杂性是环境要素的种类和数量。环境的景观元素丰富并且错综，并具有相当的数量。神秘性是环境中隐含的信息吸引人探索其中的奥妙程度。空间具有激起使用者的好奇心，引人入胜的，让人想要一探究竟，此空间的特质是神秘的、让人自由想象的。

环境偏好度常常作为环境恢复性的预测指标，社区公园恢复性环境必定是让居民偏爱喜欢的环境，如卡普兰夫妇总结的，一个让人喜欢的环境，更可能是个具有恢复性的环境。有助于社区公园恢复性环境魅力性特征和恢复行为支持性特征的体现。

5）环境卫生度

环境卫生度指人类身体活动周围的所有环境内，控制一切妨碍或影响健康的因素。在社区公园中，环境卫生度会直接影响居民的身体健康，同时作为一种视觉感受所形成的心理环境，也将影响居民对周边环境恢复性效应的感知能力，影响环境发挥恢复作用。环境卫生度是社区公园环境发挥健康恢复作用的基础保障。

社区公园恢复性环境要素构成见表3.2。

表 3.2　社区公园恢复性环境要素构成

分类		要素名称	要素基本特征	恢复作用	社区公园恢复性环境基本特征
物理环境要素	自然景观要素	植物数量	丰富	自然环境调节心理状况和生态保健效用、促进体力活动、增进社会交往	自然性特征；距离感特征；魅力性特征；恢复行为支持性特征
		植物种类	丰富		
		植物色彩	丰富		
		水景观赏性	强		
		地形	起伏		
	人工设施要素	休息设施数量	充足	自然环境调节心理状况、促进体力活动、增进社会交往	距离感特征；恢复行为支持性特征
		休息设施舒适性	好		
		休息设施的布局	合理		
		活动场地数量	充足	促进体力活动、增进社会交往	魅力性特征；恢复行为支持性特征
		娱乐健身设施数量	充足		
		娱乐健身设施种类	丰富		

续表

分类	要素名称	要素基本特征	恢复作用	社区公园恢复性环境基本特征
心理环境要素	空间氛围性	安静	自然环境调节心理状况、增进社会交往	距离感特征；恢复行为支持性特征
	空间安全性	好	自然环境调节心理状况、促进体力活动、增进社会交往	恢复行为支持性特征
	社会行为性	私密隔离	自然环境调节心理状况、增进社会交往	距离感特征；恢复行为支持性特征
	环境偏好度	喜欢	自然环境调节心理状况、促进体力活动、增进社会交往	魅力性特征；恢复行为支持性特征
	环境卫生度	好	自然环境调节心理状况和生态保健效用、促进体力活动、增进社会交往	恢复行为支持性特征

3.2.2　社区公园恢复性环境的行为要素

社区公园恢复性环境的行为要素是社区公园恢复性环境体系中重要的构成部分,社区公园环境的恢复性效应与居民在社区公园环境中的行为密切相关。前面对社区公园环境恢复行为进行了实地调查,并进行了恢复行为提取和特征分析,基于研究成果并结合文献研究对社区公园恢复性行为要素进行合理分类,将居民在社区公园环境中的恢复行为模式分为静态型行为模式、动态型行为模式和通过型行为模式三种类型,概括为居民行为模式。选择这种分类方法与设计考虑的因素相关,设计师在对公园环境进行规划设计时,重要的关注点之一就是考虑动静两种活动的组织关系。另外,在对公园行为活动调查中还发现,由于社区公园与居民生活环境的空间关系密切,因此除了以公园作为目的地进行的行为活动,还有很大一部分属于通过型行为,也就是说不以公园内某地为目的地的穿越行为,在穿越过程中,居民的行为与公园环境也会产生影响和作用,对于这一类行为的恢复性效应,有必要单独作为一类进行研究。

1. 静态型行为模式

静态型行为模式是指相对于一定场所,居民的绝对位移量和相对位移量都基本为零的活动,在社区公园环境中的恢复行为中,如欣赏自然美景、观赏动植物、静坐、看书、冥想、聊天等都属于静态型行为模式,可归纳为放松和思考,接触自然与社会交往三类要素。静态型行为模式的基本特征如下。

(1)依靠性。环境心理学认为人们喜好驻留的空间环境往往具有一定的依靠物并具有良好的观察视野。在前面社区公园环境恢复行为调研中,居民的静态型行为往往发生在有依靠的地方,如座椅上、花台边、乔木下、灯柱旁、空间边界等。

(2)边界性。环境心理学认为人们在心理上有看与被看的需求,而社区公园的边界空间可以满足人们的这种需求,从视觉上提供给人们大量的环境信息。调研中,面向活动场地的草坪区域和座椅的静态型行为发生率较高。坐在草坪和座椅上的人占据面向活动场地的最佳观察视点。

（3）尺度性。人们往往通过自身的感受来判断社区公园尺度是否适宜，如果社区公园空间及设施的尺度设计不符合人的生理和心理需求，社区公园环境就会失去亲和力。居民的静态行为更倾向于发生在尺度亲和、具有一定私密性的空间中。在调研中发现不同的使用群体间彼此相隔一定的距离，使用群体与空间边界间也有一定的距离，这是源于居民安全感、领域感和私密性的尺度需求。

2. 动态型行为模式

动态型行为模式是指相对于一定场所，居民绝对位移量基本为零，但相对位移量不一定为零的活动。在公园环境的行为中，如依靠健身娱乐设施的活动、场地自由活动、球类运动、跳舞等都属于动态型行为模式，可归纳为设施活动、场地活动和自由活动三类要素。动态型行为模式的基本特征如下。

（1）差异性。社区公园中居民的个体属性（如年龄、性别、体力及身体状况等）差异很大，因此所选择的动态型行为模式的内容、频度及持续时间等表现出明显的差异性。动态型行为激烈程度不同对人们的体力要求也不同。不同年龄段的居民在动态型活动类型的选择偏好上显示出明显差异。

（2）多样性。随着社会经济的发展，城市居民生活水平的提高，居民健身娱乐的观念也不断发生变化，居民的健身娱乐活动逐渐从被动使用空间到主动寻找适宜的空间。社区公园内动态型行为的活动内容呈现出多样化特点。多样性活动因居民的年龄、性别、职业和文化层次等个人背景属性不同而有所区别，即使背景相似的居民也会出现个性化活动的偏好。

（3）群体性。社区公园中动态型行为具有明显的群体性特征。在多种类型的动态活动中，往往是多人参与的群体活动，包括家庭成员、朋友同事或有共同兴趣的人共同加入。群体活动有助于减少活动的乏味，增加活动的动力。在球类等竞技类活动中产生行为的互动，易于分享竞技的乐趣，促进社会交往。

3. 通过型行为模式

通过型行为模式是指绝对位移量与相对位移量均不为零的行为活动。这些通过型活动包括散步、慢跑、骑车以及因工作或生活需要而穿越公园等。通过型行为模式的基本特征如下。

（1）连续性。通过型行为具有线性特征，其在空间中的运动有一定的方向性和连续性。当空间的方向性和连续性不是很明确时，可以通过空间序列来强化通过型行为空间场所、领域与路径之间的关系。这种序列空间的营造会成为空间连续性的驱动力，使居民在环境中通过时有确切的方向感和连贯性。

（2）可达性。居民可以通过社区内的道路方便地抵达社区公园，并能够利用社区公园内的线路有效地抵达目的地，利用社区公园内外的道路有效地整合空间。可达的道路是连续而无障碍的，保证居民能够不受干扰地抵达目的地。在调研中发现，可达性好的社区公园往往有更多居民产生通过型行为。

（3）体验性。通过型行为是居民与步行环境互动感知的连续体验过程，即居民想要在空间环境中获得认知，是以亲身参与到环境中为前提的。社区公园路径为视线变化和连续画面提供了适宜的载体，在这样的载体上，趣味性强的路径会增强居民的感官体验和情感体验，增加居民的使用频次。

社区公园恢复性行为要素构成见表 3.3。

表 3.3　社区公园恢复性行为要素构成

分类	要素名称	恢复行为	基本特征	恢复作用
静态型行为模式	放松和思考	静坐、看书、冥想、用餐、呼吸清新空气等	依靠性；边界性；尺度性	自然环境调节心理状况和生态保健效用
	接触自然	欣赏自然美景、观赏动植物、听鸟鸣和水声等		自然环境调节心理状况和生态保健效用
	社会交往	聊天、聚会、打牌、喝茶等		增进社会交往
动态型行为模式	设施活动	依托娱乐设施、健身设施的活动	差异性；多样性；群体性	促进体力活动、增进社会交往
	场地活动	球类运动、舞蹈、武术等健身活动		促进体力活动、增进社会交往
	自由活动	嬉戏玩耍、拍照、带小孩等活动		自然环境调节心理状况、促进体力活动
通过型行为模式	散步		连续性；可达性；体验性	自然环境调节心理状况和生态保健效用、促进体力活动
	跑步			
	骑车			
	因工作或生活需要而穿越公园			

3.3　社区公园居民恢复性效应的实现路径

居民恢复性效应是社区公园恢复性环境体系运行的结果，社区公园恢复性环境体系主要包括社区公园恢复性环境要素和社区公园恢复性行为要素两个部分，居民恢复性效应的实现路径主要基于这两个部分的互动关系。环境与行为关系研究的核心在于探索个体对现实环境的反应及选择，改善并创造适于生存、生活与满足个体心理需求的环境，在这个过程中，现实的环境被作为个体所感知的刺激条件，继而个体形成一定的心理活动及行为。因此，社区公园居民恢复性效应的实现路径应该从社区公园恢复性环境要素对居民心理和行为的影响路径来剖析，根据社区公园恢复性环境要素的分类，本节从社区公园物理环境要素和社区公园心理环境要素两个方面进行影响路径的分析。

3.3.1　社区公园物理环境要素的影响路径

社区公园物理环境要素对居民恢复性效应的影响路径主要包括社区公园物理环境要素对居民产生恢复性效应的直接影响路径与社区公园物理环境要素通过影响居民恢复性行为而产生恢复性效应的间接影响路径。

自然景观要素对居民产生恢复性效应的直接影响来自于良好的自然生态环境所具有生态效应（如改善温室效应、降低空气污染等）对居民身体健康的促进作用；休息设施要素的直接影响来自于休息行为本身对身体健康产生恢复作用；活动场地和娱乐健身设施要素的直接影响来自于体力活动本身对身体健康产生恢复作用。间接影响中，不同的物理环境要素对恢复性行为要素的支持也有所区别，基于前面对社区公园恢复性环境体系要素的认识以及环境—行为相关研究的成果，对社区公园物理环境要素的间接影响路径分别从自然景观要素（植物、水景和地形）以及人工设施要素（休息设施、活动场地和娱乐健身设施）这两大类进行详细分析，其分析结果总结如表 3.4 所示。

表 3.4 社区公园物理环境要素间接影响路径

要素分类		恢复性行为要素	恢复行为	要素特点	社区公园恢复性环境基本特征
自然景观要素	植物	静态型行为模式	静坐放松、看书思考、观赏植物、聊天、喝茶等	植物数量、种类和色彩丰富，不同种类植物多层次组合，围合感	自然性特征；距离感特征；魅力性特征；恢复行为支持性特征
		动态型行为模式	健身活动、嬉戏玩耍、拍照、带小孩等	植物数量、种类和色彩丰富，植物景观优美	魅力性特征；恢复行为支持性特征
		通过型行为模式	散步、跑步、因工作或生活需要而穿越公园等	植物数量、种类和色彩丰富，植物景观优美连续，富有层次	自然性特征；距离感特征；魅力性特征；恢复行为支持性特征
	水景	静态型行为模式	静坐放松、看书思考、观赏水景、听水声、聊天等	水景优美观赏性强，利用水元素营造丰富的景观	自然性特征；距离感特征；魅力性特征；恢复行为支持性特征
		动态型行为模式	健身活动、嬉戏玩耍、拍照、带小孩等		魅力性特征；恢复行为支持性特征
		通过型行为模式	散步、跑步、因工作或生活需要而穿越公园等		自然性特征；距离感特征；魅力性特征；恢复行为支持性特征
	地形	静态型行为模式	静坐放松、看书思考、聊天、聚会、喝茶等	地形起伏有高差变化，营造丰富的空间层次，丰富景观效果	自然性特征；距离感特征；魅力性特征；恢复行为支持性特征
		动态型行为模式	健身活动、嬉戏玩耍、拍照、带小孩等		魅力性特征；恢复行为支持性特征
		通过型行为模式	散步、跑步等		自然性特征；距离感特征；魅力性特征；恢复行为支持性特征
人工设施要素	休息设施	静态型行为模式	静坐放松、看书思考、观赏自然美景、聊天、喝茶等	休息设施数量充足、舒适性好，布局合理、朝向优美的景观	距离感特征；恢复行为支持性特征
		通过型行为模式	散步、跑步、因工作或生活需要而穿越公园等	休息设施数量充足、布局合理	恢复行为支持性特征
	活动场地	动态型行为模式	球类运动、舞蹈武术等健身活动等	活动场地数量充足，设计合理	魅力性特征；恢复行为支持性特征
	娱乐健身设施	动态型行为模式	依托娱乐设施、健身设施的活动	设施数量充足且种类丰富	魅力性特征；恢复行为支持性特征

3.3.2　社区公园心理环境要素的影响路径

社区公园心理环境要素对居民恢复性效应的影响路径主要包括社区公园心理环境要素对居民产生恢复性效应的直接影响路径与社区公园心理环境要素通过影响居民恢复性行为而产生恢复性效应的间接影响路径。

社区公园心理环境要素对居民产生恢复性效应的直接影响来自于心理环境要素本身具有调节心理状况的特征。间接影响中，不同的心理环境要素对恢复性行为要素的支持也有所区别，基于前面对社区公园恢复性环境体系要素的认识以及环境—行为相关研究的成果，对社区公园心理环境要素的间接影响路径分别从空间氛围性、空间安全性、社会行为性、环境偏好度和环境卫生度这几个类别进行详细分析，其分析结果总结如表 3.5所示。

表 3.5　社区公园心理环境要素间接影响路径

要素分类	恢复性行为要素	恢复行为	要素特点	社区公园恢复性环境基本特征
空间氛围性	静态型行为模式	静坐放松、看书思考、观赏自然美景、听鸟鸣水声、聊天喝茶等	空间氛围安静	距离感特征；恢复行为支持性特征
	通过型行为模式	散步、跑步等		
空间安全性	静态型行为模式	静坐放松、看书思考、观赏自然美景、听鸟鸣水声、聊天喝茶等	保证生理安全，空间有庇护感	距离感特征；恢复行为支持性特征
	动态型行为模式	依托娱乐健身设施活动、球类运动、自由活动等	场地设施设计安全合理	恢复行为支持性特征
	通过型行为模式	散步、跑步、因工作或生活需要而穿越公园等	保证生理安全，步道设计有安全感	恢复行为支持性特征
社会行为性	静态型行为模式	静坐放松、看书思考、观赏自然美景、听鸟鸣水声、聊天喝茶等	有私密性和隔离感	距离感特征；恢复行为支持性特征
	通过型行为模式	散步		
环境偏好度	静态型行为模式	静坐放松、看书思考、观赏自然美景、听鸟鸣水声、聊天喝茶等	让人喜欢的环境，景观元素丰富引人入胜	魅力性特征；恢复行为支持性特征
	通过型行为模式	散步、跑步、因工作或生活需要而穿越公园等	让人喜欢的环境，景观元素丰富可识别性强	
环境卫生度	静态型行为模式	静坐放松、看书思考、观赏自然美景、听鸟鸣水声、聊天喝茶等	环境卫生好，干净整洁无污染	恢复行为支持性特征
	动态型行为模式	依托娱乐健身设施活动、球类运动、自由活动等		
	通过型行为模式	散步、跑步、因工作或生活需要而穿越公园等		

3.4 社区公园恢复性环境影响机制的构成与模型构建

社区公园恢复性环境体系运行的实质是体系中各要素相互作用的方式和过程，也就是社区公园恢复性环境的影响机制。要了解社区公园恢复性环境体系的运行特征和机理，就要对其影响机制进行深入剖析。基于前面对影响机制内涵的分析，影响机制研究的核心是探寻现象背后的影响因素以及它们之间的因果关系，社区公园恢复性环境影响机制研究的核心同样应为探索社区公园环境产生恢复性效应现象背后的影响因素及它们之间的因果关系。

3.4.1 影响机制的构成与推理方法

1. 影响机制的构成

影响机制是由现象、实体和活动三部分构成的（图3.2）。现象指的是系统运行产生的作用或效应呈现的特征；实体指的是构成影响机制的工作部件，是发挥作用的影响要素；活动指的是实体（影响要素）间在现象（作用或效应）产生过程中所起的交互作用，这种交互作用是一种直接又恒定的，能改变相关现象的规律，在影响机制中活动是改变的生产者，是改变过程的组成部分，并导致新形态或效应的产生[160]。

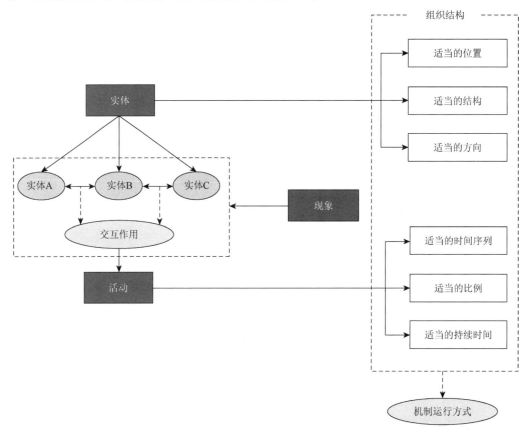

图 3.2　影响机制构成

实体与活动的组织结构决定了影响机制的运行方式,是导致现象产生的方式。实体的组织结构指的是具有适当的位置、结构或方向;活动的组织结构指的是具有适当的时间序列、比例或持续时间。完整的影响机制在运行过程中呈现出连续性的特征,从开始到结束中间没有断层[112]。假设影响机制概括地表达为实体 A→实体 B→实体 C,连续性就位于箭头中,这种连续性使影响机制各阶段的连接变得清晰,对于连续性的解释依赖于活动所起的交互作用。

2. 影响机制的推理方法

影响机制的发现过程并非一蹴而就的,需要分析影响机制导致的现象特征,确定组成机制的实体及其组织结构,通过合理的推理策略建构理论模型,一步步地揭示现象背后的因果机制。推理影响机制的方法可以概括为分析现象特征、确定影响机制实体、揭示组织结构、建构理论模型四个方面的内容[112]。

(1)分析现象特征。影响机制的研究往往是探究潜在于现象背后的成因,首先应对现象特征进行分析,确定影响机制产生的作用或呈现的效应。现象特征的分析通常需要三个阶段:细化,将现象细化为更多的不同的现象,运用更为细化的机制来解释这些现象;整合,将可能遵循相同影响机制的不同现象整合到单个现象中;再概念化,重新对现象进行概念化解释。

(2)确定影响机制实体。影响机制的实体是体系运行的关键,推理影响机制必须找出构成影响机制的实体及其相应的作用。目前确定影响机制实体的方法主要是分解法,针对本书的特点,可采用结构性分解法,将影响机制分解成不同的部分,然后分析各部分的作用。确定影响机制实体可根据已有研究作为资源库提供指导。

(3)揭示组织结构。由于影响机制的运行方式由实体与活动的组织结构决定,因此,对实体和活动组织结构的揭示对于推理影响机制十分关键。根据前面讨论的实体和活动的组织结构内容,可以将组织结构划分为空间结构和时间结构两种类型。如实体所具有的适当的位置、结构或方向规定了影响因素的空间特征,归属于空间结构;活动所具有的适当的时间序列和持续时间规定了实体起作用的时间参数,归属于时间结构。

(4)建构理论模型。经过前面三个方面的研究内容,对影响机制的推理最终需要构建影响机制的理论模型。理论模型的构建以相似的理论研究成果为基础,还可以以相近的领域研究成果为参考。理论模型的评价和修订以反复的形式向前推进。根据理论模型的构建,可以对现象进行描述、预测和解释,并指导下一步的实验设计,通过反复的评价与修订最终形成影响机制解释框架。

3.4.2　公园恢复性环境影响机制的构成

基于前面对影响机制构成的论述,社区公园恢复性环境影响机制指的是通过实体(影响因素)间的交互作用导致社区公园恢复性环境效应产生的复杂系统,是对社区公园环境产生恢复性效应现象的一种因果性解释。通过影响机制解释来研究环境特征对人群恢复所起的作用和影响路径,能够更好地解释现象背后的因果联系。影响机制的构成应是对社区公园恢复性环境影响机制最为本质的认知。结合前面对社区公园恢复性环境体系构成的分析,社区公园恢复性环境影响机制的构成应包括现象、实体和活动三个部分。

1. 现象——居民恢复性效应

社区公园恢复性环境影响机制系统运行结果所呈现的特征为居民在公园环境中产生恢复性效应。根据推理影响机制的方法对现象特征进行分析,将居民恢复性效应现象细化为更多不同的现象。根据前面对社区公园恢复性环境恢复维度的分析,这些细化的现象就是恢复的各个维度:心理恢复维、生理恢复维、社交恢复维。这三个维度相互作用、相互影响构成一个整体,形成社区公园恢复性环境影响机制的现象特征,也是影响机制系统运行所要达到的结果。

2. 实体——社区公园恢复性环境影响因素

社区公园恢复性环境实体是指影响居民在社区公园环境中产生恢复性效应的因素,主要由社区公园恢复性环境体系的社区公园恢复性环境要素和社区公园恢复性行为要素两部分构成,这两大要素是发挥恢复性效应的主要影响因素。

另外,居民在公园中的人口学特征和生活环境特征等也会对居民恢复性效应产生影响。居民恢复性行为受多种因素的影响,包括个体、社会环境、物质环境和个体特征之间的关系。社会生态模型认为人的行为会受到个体内在环境因素(如个体的动机、信念等)和个体外在环境(如政策、文化等)因素的影响[161]。因此,社区公园恢复性环境的影响因素还包括人口学特征(包含年龄、性别、职业、文化程度、收入、家庭特征等)和生活环境特征(包含环境因素、可达性因素、社区氛围等)的影响。人口学特征和生活环境特征影响了"环境—行为"互动关系的强弱。

3. 活动——社区公园恢复性环境影响路径

活动是社区公园恢复性环境影响因素在居民恢复性效应产生过程中的交互作用,影响机制系统的运作依赖于影响因素间的交互作用,其实质是一种因果概念。居民对社区公园的环境认知过程是恢复性效应发挥的基本途径,即人体通过视觉、听觉、嗅觉、味觉和触觉等感官知觉接收社区公园环境信息的过程。恢复性环境要素融合于社区公园环境之中,利用居民与社区公园环境的互动过程来启动恢复性影响机制。

社区公园恢复性环境影响机制系统中的交互作用表现为社区公园恢复性环境的影响路径,各影响因素产生居民恢复性效应的影响路径既包括直接的因果联系,又包括间接的因果联系。根据前面对社区公园居民恢复性效应实现路径的研究,社区公园恢复性环境可以直接影响居民在公园中的行为模式,也可以直接影响居民恢复性效应;居民行为模式可以直接影响居民恢复性效应,也就是说社区公园恢复性环境可以通过居民行为模式间接影响居民恢复性效应;另外,人口特征因素和生活环境特征因素可以直接影响居民行为模式而间接影响居民恢复性效应。社区公园恢复性环境影响路径图如图3.3所示。

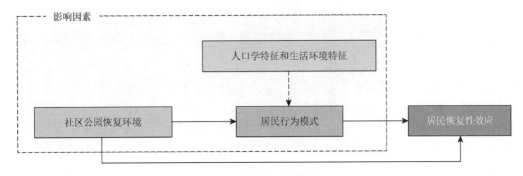

图 3.3　社区公园恢复性环境影响路径图

3.4.3　社区公园恢复性环境影响机制的理论模型

1.影响机制实验研究方法

推理影响机制所构建的理论模型的实质是对可能性（可能的影响机制）的一种假设，要揭示影响机制的实际运行特征还必须通过研究设计进行实验检测。实验研究不仅能很好地检测假设的影响机制，在发现影响机制的实体、组织结构的过程中也具有重要的作用。关系研究在确定影响机制实体及可能的因果关系上起到非常重要的作用，同时大量的调查研究为影响机制研究提供了基础。

在实验研究中，中介变量及其效应检测被认为是影响机制研究中十分有效合理的方法与手段，中介效应研究的意义在于帮助研究者解释因果关系的影响机制，同时整合已有变量之间的关系[116]。在心理学和其他社科研究领域，大量实证文章建立中介效应模型，以分析自变量对因变量的影响过程和作用机制。中介变量是自变量对因变量发生影响的中介，是产生影响的实质性、内在的原因。中介变量位于干预措施（自变量）和期望现象（因变量）之间因果路径上的变量，即干预措施通过中介变量对现象的形成产生作用，这意味着中介变量提供了影响因素起作用的原因和作用机制。中介变量的作用原理如图 3.4 所示。其中，c 是 X 对 Y 的总效应，a、b 是经过中介变量 M 的中介效应（mediating effect），c' 是直接效应，$e_1 \sim e_3$ 是回归残差。对于这样的简单中介效应模型，中介效应等于间接效应（indirect effect），即等于系数乘积 ab，它和总效应与直接效应的关系是 $c = ab + c'$。

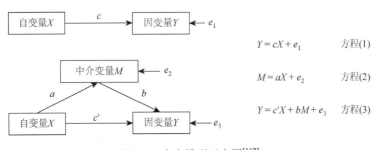

$$Y = cX + e_1 \qquad 方程(1)$$

$$M = aX + e_2 \qquad 方程(2)$$

$$Y = c'X + bM + e_3 \qquad 方程(3)$$

图 3.4　中介模型示意图[162]

2. 居民恢复行为模式的中介效应

根据影响机制实验研究方法的介绍，在实验研究中，中介变量及其效应检测被认为是十分有效合理的方法与手段，通过中介变量来解释社区公园恢复性环境影响机制系统中因果关系的影响路径，揭示影响机制系统的运作特征，这也是本书的重要切入点。社区公园恢复性环境与居民恢复性效应的关系不是一种直接的线性关系，而是受制于某些变量的中介效应。前面指出社区公园恢复性环境影响机制构成中，活动是社区公园恢复性环境影响因素在居民恢复性效应产生过程中的交互作用，而这种交互作用表现为社区公园恢复性环境的影响路径，公园恢复性环境对居民恢复性效应的影响是通过居民访问公园，并在公园内开展各种类型的活动产生作用的。人的行为发生于行为环境之中，并受行为环境的调节，公园恢复性环境特征影响公园使用者的行为，从而影响居民健康的恢复（图3.5）。可以推断出，居民行为模式应是社区公园恢复性环境（自变量）对居民恢复性效应（因变量）产生影响的中介变量。因此，本书将居民行为模式作为中介变量，解读归纳出社区公园恢复性环境形成过程中，公园恢复性环境特征作用于居民行为模式的内在原理。

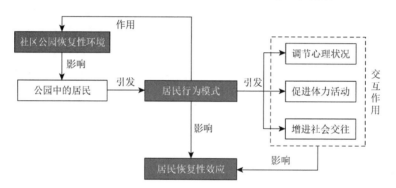

图3.5 社区公园恢复性环境与居民恢复性效应的关系

3. 影响机制理论模型构建

根据相关研究的理论基础，首先建立社区公园恢复性环境与居民恢复性效应因果关系的理论模型（图3.6），该模型的研究假设如下：①H1——社区公园恢复性环境对居民恢复性效应具有促进作用；②H2——社区公园恢复性环境与居民行为模式呈正相关；③H3——居民行为模式与居民恢复性效应呈正相关；④H4——居民行为模式在社区公园恢复性环境与居民恢复性效应的因果关系中起中介作用。该理论模型的构建，是进行社区公园恢复性环境影响机制实验研究的基础和框架。

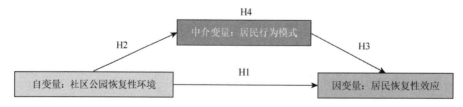

图3.6 社区公园恢复性环境与居民恢复性效应因果关系的理论模型

3.5　本 章 小 结

在第 2 章社区公园恢复性环境基本概念提出的基础上,本章从社区公园恢复性环境体系的构成入手,探讨了体系运行结果所呈现的基本特征为居民恢复性效应,并体现了心理恢复、生理恢复和社交恢复三个维度;体系要素构成包括社区公园恢复性环境要素和社区公园恢复性行为要素两个主要部分;体系的运行机理源于环境要素与行为要素二者的互动作用,其实现路径主要来自于社区公园环境要素对社区公园恢复性行为要素的影响,从而产生居民恢复性效应。

要了解社区公园恢复性环境体系的运行特征和机理,探索社区公园环境产生恢复性效应现象背后的影响因素及它们之间的因果关系,就要对其影响机制进行深入剖析。在社区公园恢复性环境体系构成的研究基础上,基于影响机制视角的科学研究方法,对社区公园恢复性环境影响机制的构成进行探讨,认为其构成包括三个组成部分:现象——居民恢复性效应;实体——社区公园恢复性环境影响因素;活动——社区公园恢复性环境影响路径。并通过中介变量(居民行为模式)来解释社区公园恢复性环境影响机制系统中因果关系的影响路径,揭示影响机制系统的运作特征,建立社区公园恢复性环境与居民恢复性效应因果关系的理论模型,根据理论模型在接下来的研究中展开两个核心部分的实证研究。

研究中还明确了影响机制的运行方式由实体与活动的组织结构所决定,因此对实体与活动组织结构的揭示对于推理影响机制十分关键。在进一步实证研究中,不仅要对影响机制理论模型进行评价与修订,还要对影响机制实体与活动部分的组织结构(空间结构和时间结构)进行探讨。

第4章 社区公园恢复性环境特征因子提取与评价

社区公园恢复性环境的环境要素是影响机制构成中最主要的实体组成部分。实体的组织结构对影响机制的运行方式产生重要影响，实体所具有的适当的位置、结构或方向规定了影响因素的空间特征。因此，社区公园恢复性环境的环境要素空间特征的研究对揭示社区公园恢复性环境影响机制十分关键。本章从社区公园恢复性环境的环境要素空间特征入手，通过实证研究探索社区公园恢复性环境的环境要素特征因子并进行量化评价。

本章的总体思路为：首先，基于前面的社区公园恢复性环境的环境要素研究结论以及相关研究的理论基础，进行社区公园恢复性环境特征因子的实证研究。社区公园恢复性环境涉及的环境要素众多，研究目的是从众多要素中，抽出潜在的共通因子即特征因子，把一些关系错综复杂的因子变量归结为少数几个综合因子，通过对这几个特征因子的分析，更好地理解环境要素的内在结构。通过对重庆市四个社区公园进行问卷调查，采用主成分分析法进行因子分析，结果显示，社区公园恢复性环境的特征因子主要包括自然性因子、休息性因子、活动性因子和感知性因子四个公共因子。然后，以确定的四个公共因子为基础，对社区公园恢复性物理环境特征因子进行定量化评价，确定物理环境特征因子和心理环境特征因子与恢复性效应之间的相关关系。最后，依据上述实证分析满足居民恢复性需求的社区公园的环境特征。社区公园恢复性环境特征分析框架如图4.1所示。

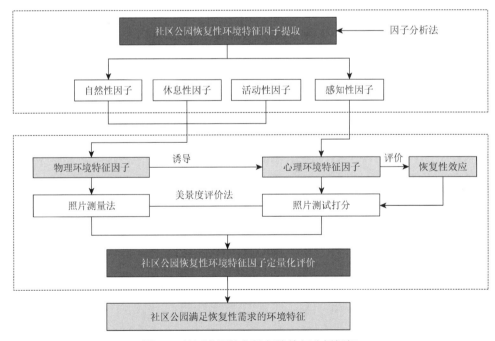

图4.1 社区公园恢复性环境特征分析框架

4.1　社区公园恢复性环境特征因子提取

对社区公园恢复性环境特征因子的实证采取问卷调查的方式,在社区公园的访问者当中进行。问卷用于收集各访问者对特征因素的评价与认可程度,为了保证调查问卷的科学有效性以及数据的真实性,将调查问卷的设计过程分为以下两个阶段进行:第一阶段以前面的研究结论为基础,结合现场踏勘以及开放式问卷调查进行评价因子的确定;第二阶段通过正式问卷调查获得人群评价信息,利用 SPSS 22.0 统计软件,采用因子分析法对评价因子进行量化分析,获得影响居民恢复的潜在因子与社区公园环境特征的关系,最终完成社区公园恢复性环境特征因子的提取。

4.1.1　开放式问卷调查

1. 开放式问卷调查设计

通过开放式问卷调查主要达到三个目的:一是了解居民在访问社区公园时关注哪些公园环境特征,哪些公园环境特征会影响居民访问以及这些特征的具体方面;二是了解居民感知的哪些公园环境特征会影响居民恢复性效应;三是了解居民愿意在社区公园中开展哪些活动,并且开展这些活动受到哪些环境因素的影响。研究的结果将作为社区公园环境特征的测量量表以及设计预调研的问卷基础。

访谈以开放式问题讨论方式进行,访谈提纲中的问题如下。

(1)您访问社区公园时会关注公园的哪些特征,这些特征具体是哪些方面?

(2)您认为社区公园中哪些环境特征有助于缓解精神压力、消除不良情绪并促进您的身心健康的恢复,哪些影响因素又是不利的?

(3)您在社区公园中会开展促进身心健康的行为活动,您认为开展这些行为活动会受到公园哪些环境因素的影响?

调查访问时依据提纲中的问题引导受访者进行开放式自由讨论,不受限制地说出自己的想法,以收集研究需要的素材。并将调查访谈文字内容进行归纳整理。

2. 开放式调查问卷受访者特征

研究者走访了重庆市主城区多个社区公园,对 60 名访问者进行开放式问卷调查,受访者的基本情况如图 4.2 所示,其中男性 26 人,女性 34 人。在访谈中女性相对男性更愿意交流自己的想法。受访者的年龄段比较平均,其中 18 岁以下占 10%,18~30 岁占 18%,31~45 岁占 20%,46~60 岁占 27%,60 岁以上占 25%。由于中老年人有更多的闲暇时间访问公园并接受问卷调查,因此,在受访者中占的比例稍高一些,调查问卷为了能够获取每个年龄段的受访意见,尽量考虑到每个年龄段的人数分布平均。在受访者的文化层次分布上高中与本科学历比例稍高。

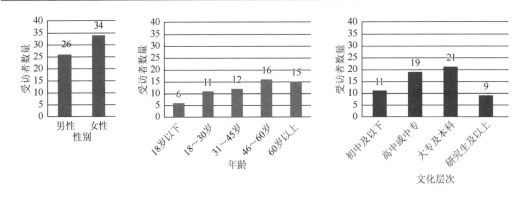

图4.2　受访者的基本情况

3. 开放式问卷调查结论分析

通过对 60 名访问者进行的开放式问卷调查，定性了解了居民对社区公园促进身心健康影响因素的看法。本次开放式问卷调查采用自由访谈的形式，整个过程中调查者按照拟好的问题进行访谈，受访者自由地说出感受和想法，因受访者为访问公园的居民，调查者在与受访者交流过程中也避免采用学术性专业词汇，受访者语句也多为口语化的表达用语。根据受访结果按照同类意思进行归纳，如受访者表达的词组"有个人的空间""不被他人打扰""想要独处"等归纳为"私密性"。归纳结果如图 4.3～图 4.6 所示，受访者访问公园时会关注的公园环境特征共提到了 228 个词组，共提到有助于身心健康的词组 278 个，不利于身心健康的词组 253 个，开展行为活动受到公园相关因素影响的词组 123 个。

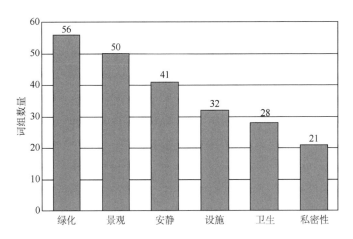

图4.3　受访者访问公园时会关注的公园环境特征词组归纳表

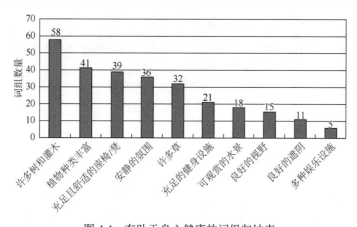

图 4.4　有助于身心健康的词组归纳表

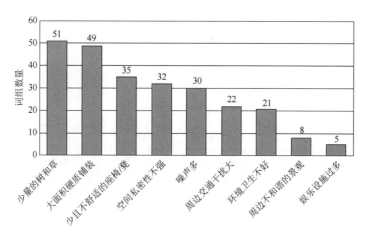

图 4.5　不利于身心健康的词组归纳表

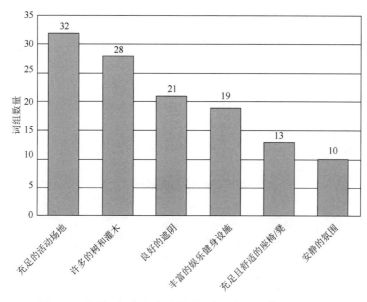

图 4.6　开展行为活动受到公园相关因素影响的词组归纳表

根据开放式问卷调查，可以发现自然元素（如树木、灌木、草坪、水等）和休息设施（如座椅、凳等）是受访者提及最多的词组，受访者在提到社区公园中的绿化景观时都能侃侃而谈。在有水景的社区公园调查时，受访者都会提到水景、水流声音等相关词组。对于带孩子来公园玩的成人会更多地提及与安全相关的词组。在公园健身活动的受访者则更常提及与娱乐健身设施相关的词组。而与私密性相关的词组则更多地被中青年受访者提及。

4. 确定评价因子

对开放式问卷调查中涉及的词组进行归纳分类，可以发现与前面对社区公园恢复性环境要素研究的结论基本一致，经过筛选整理最终确定了 17 个影响公园环境对居民健康恢复效果的评价因子，包括乔灌木数量、草坪覆盖面积、植物种类、植物色彩、水景观赏性、地形、休息设施数量、活动场地数量、娱乐健身设施数量、娱乐健身设施种类、休息设施舒适性、休息设施的朝向、空间氛围性、空间私密性、空间安全性、环境卫生度、周边环境隔离度。

4.1.2 正式问卷调查

1. 调查时间和地点

于 2014 年 9 月下旬~2014 年 10 月中旬在重庆市主城区具有代表性的四个社区公园中对访问者进行问卷调查，当场填写并回收，保证问卷的有效率。共随机发放问卷 160 份（每个社区公园 40 份），回收有效问卷 150 份，有效率达 93.75%。整个问卷调查过程在连续的时间段内完成，工作日与休息日的调查时间各占一半，从而保证了数据样本的随机性与分布的代表性。

2. 调查问卷量表设计

调查问卷中的量表共涉及前面确定的 17 个评价因子，采用表 4.1 中列举的形容词对进行评价，评价尺度采用李氏 5 级分值进行评定：非常满意、满意、一般、不满意、非常不满意五个量级，分值依次为 2 分、1 分、0 分、–1 分、–2 分。填写问卷前首先请受访者进行以下情景想象："您因为工作、学习或者生活的压力比较大，或者身体有些不适，抽出一些时间想寻找一个地方稍作休息或是活动一下，而社区公园是缓解精神压力、消除不良情绪并促进身心健康恢复的理想去处。"

然后请受访对象分别对所在社区公园的 17 个因子进行评价。

表 4.1 社区公园恢复性环境评价因子表

序号	评价因子	扩展形容词对
1	乔灌木数量	多——少
2	草坪覆盖面积	多——少
3	植物种类	丰富——单调
4	植物色彩	丰富——单调
5	水景观赏性	强——不强

续表

序号	评价因子	扩展形容词对
6	地形	起伏——平坦
7	休息设施数量	充足——不充足
8	活动场地数量	充足——不充足
9	娱乐健身设施数量	充足——不充足
10	娱乐健身设施种类	丰富——单调
11	休息设施舒适性	好——不好
12	休息设施的朝向	景观性好——景观性不好
13	空间氛围性	安静——不安静
14	空间私密性	强——不强
15	空间安全性	好——不好
16	环境卫生度	好——不好
17	周边环境隔离度	隐蔽——显露

4.1.3　因子分析适宜性判断

采用因子分析法对潜在的公共因子进行提取，目的是从大量现象数据中，抽出潜在的共通因子即公共因子，通过对这几个公共因子的分析，更好地理解全体数据的内在结构。因子分析的前提是各变量因子之间彼此相关且绝对值较大并显著。研究采用 KMO 与 Bartlett 球形检验（表 4.2）得出 KMO 值是 0.753，说明该数据样本，充足适宜作因子分析；同时 Bartlett 球形检验的 Sig.值为 0.000，说明变量之间存在相关关系，也说明该数据适宜作因子分析。

表 4.2　KMO 和 Bartlett 球形检验

取样足够多的 Kaiser-Meyer-Olkin（KMO）度量		0.753
Bartlett 球形检验	近似卡方	3074.732
	df	136
	Sig.	0.000

4.1.4　因子数的确定

本书采用因子分析中的主成分分析法，将原有相关性较高的评价因子转化成彼此独立的公共因子。表 4.3 表示旋转后的因子提取结果，以特征值大于 1 为提取基准，提取因子数为 4，主成分的累计贡献率达到 64.311%，效果明显，能够解释变量的大部分差异，并且说明这四个因子是有意义的。

表 4.3　因子贡献率表

成分	初始特征值			提取平方和载入			旋转平方和载入		
	合计	方差贡献率/%	累积方差贡献率/%	合计	方差贡献率/%	累积方差贡献率/%	合计	方差贡献率/%	累积方差贡献率/%
1	5.213	30.663	30.663	5.213	30.663	30.663	3.659	21.526	21.526
2	2.529	14.878	45.542	2.529	14.878	45.542	2.819	16.583	38.109
3	1.864	10.966	56.508	1.864	10.966	56.508	2.248	13.221	51.330
4	1.327	7.803	64.311	1.327	7.803	64.311	2.207	12.981	64.311
5	0.998	5.872	70.183						
6	0.881	5.183	75.366						
7	0.817	4.808	80.174						
8	0.651	3.832	84.006						
9	0.530	3.118	87.124						
10	0.493	2.898	90.023						
11	0.388	2.283	92.306						
12	0.365	2.146	94.452						
13	0.352	2.071	96.522						
14	0.226	1.328	97.851						
15	0.189	1.115	98.965						
16	0.155	0.913	99.879						
17	0.021	0.121	100.000						

4.1.5　因子轴的提取与命名

通过表 4.4 可以观察得出因子轴构成的尺度，并确定提取的四个公共因子。四个公共因子包含 17 个评价因子的物理负荷量及主要特征，在对其命名时应考虑其准确性和兼容性。

因子轴 I 的评价项目中，因子载荷系数在 0.48 以上的有六组，分别是乔灌木数量、地形、草坪覆盖面积、植物种类、植物色彩、水景观赏性。这六组评价项目主要描述了公园内自然景观的组成数量和种类，故将因子轴 I 命名为自然性因子。

因子轴 II 的评价项目中，因子载荷系数在 0.49 以上的有五组，分别是空间氛围性、周边环境隔离度、环境卫生度、空间安全性、空间私密性。这五组评价项目主要描述了公园整体环境给居民带来的主观感受，故将因子轴 II 命名为感知性因子。

因子轴 III 的评价项目中，因子载荷系数在 0.63 以上的有三组，分别是休息设施数量、休息设施舒适性、休息设施的朝向。这三组评价项目主要描述了公园内休息设施数量、舒适性和朝向的相关设计，故将因子轴 III 命名为休息性因子。

因子轴 IV 的评价项目中，因子载荷系数在 0.61 以上的有三组，分别是娱乐健身设施数量、活动场地数量、娱乐健身设施种类。这三组评价项目主要描述了公园内娱乐健身与活动场地的设施配置问题，与居民的体力活动紧密相关，故将因子轴Ⅳ命名为活动性因子。

表 4.4　旋转后因子负荷量表

因子组名	评价项目	因子负荷量			
		1	2	3	4
Ⅰ 自然性因子	1 乔灌木数量多——少	0.945	0.034	−0.005	0.034
	6 地形起伏——平坦	0.932	0.025	−0.018	0.035
	2 草坪覆盖面积多——少	0.894	0.091	0.052	−0.050
	3 植物种类丰富——单调	0.552	0.075	0.136	0.211
	4 植物色彩丰富——单调	0.552	0.273	0.054	0.283
	5 水景观赏性强——不强	0.484	0.220	0.021	0.368
Ⅱ 感知性因子	13 空间氛围安静——不安静	0.037	0.898	0.082	0.062
	17 周边环境隐蔽——显露	0.124	0.718	0.013	0.282
	15 空间安全性好——不好	0.199	0.628	−0.142	0.393
	16 环境卫生好——不好	0.010	0.624	0.388	−0.186
	14 空间私密性强——不强	0.360	0.494	0.114	0.158
Ⅲ 休息性因子	7 休息设施数量充足——不充足	0.089	0.119	0.889	−0.049
	11 休息设施舒适性好——不好	0.008	−0.010	0.856	0.140
	12 休息设施的朝向景观性好——不好	0.071	0.098	0.631	0.319
Ⅳ 活动性因子	9 娱乐健身设施数量充足——不充足	0.178	−0.052	0.151	0.839
	8 活动场地数量充足——不充足	0.152	0.337	0.295	0.663
	10 娱乐健身设施种类丰富——单调	0.031	0.438	0.019	0.614

4.2　社区公园恢复性环境特征因子分析

上述研究提取出社区公园恢复性环境特征的四个公共因子，其中自然性因子在总方差中的贡献率最大，感知性因子、休息性因子和活动性因子的贡献率依次减小。结合开放式调查的访谈结果，对公共因子缓解居民精神压力、消除不良情绪并促进身心健康的影响进行分析。

4.2.1　自然性因子分析

研究可得，社区公园恢复性环境的特征因子中，自然性因子的影响力最大，其贡献率达到 21.526%，这与相关文献研究结果一致，公园中的自然景观（如草坪、乔木和灌木）都是精力恢复可能性的预测变量。研究结果表明，自然性因子中"乔灌木数量多——少"

的值最高，其次是"地形起伏——平坦"，自然性因子的表达通过自然景观（包括草坪、乔木、灌木、水体和地形）数量、色彩以及种类等的共同表现实现。访谈中受访者提到有助于身心健康的词组归纳中（图4.4），自然性因子的词频明显高于其他类别；不利于身心健康的词组归纳中（图4.5），少量的树和草、大面积硬质铺装排到了前两位。问卷调查中公园1植物种类较为丰富（图4.7），植被覆盖面积较大，地形起伏有高差变化，且位于滨湖地段，在视域范围内有可观赏的水景，因此，在四个公园中它的自然性因子评价最高；公园2植物种类和色彩较为丰富（图4.8），且乔灌木数量较多，因此其自然性因子评价也比较高；公园3硬质铺装面积较多，公园4植物种类单调，两者的自然性因子评价较低。

图4.7　较为丰富的植物配置　　　　图4.8　较为丰富的植物色彩

4.2.2　感知性因子分析

在感知性因子中，"空间氛围安静——不安静"的值最高，其次是"周边环境隐蔽——显露"，感知性因子的表达通过居民对公园环境景观所带来的主观感受（卫生情况、安全性和私密性）的共同表现实现。访谈中受访者提到空间私密性不强以及噪声多的环境不利于缓解精神压力，因此，公园环境景观设计应注重私密性和营造安静的空间氛围。感知性因子中的"空间安全性好——不好"所带来安全性的空间感受，能够促使居民驻足停留或花更多时间在公园休息和活动，从而有助于缓解精神压力。另外，访谈中多数受访者提到周边交通干扰大、环境卫生不好以及周边不和谐的景观不利于缓解精神压力，说明受访者希望在一个相对隔离和不受外界干扰的环境下进行精力恢复活动。问卷调查中位于交通干道旁的公园4与干道之间的绿化隔离较稀疏，植被以低矮的灌木为主（图4.9），因此受周边交通干扰较大，在四个公园中它的感知性因子评价最低。问卷调查中的公园3通过绿化隔离和景观构筑物的围合形成相对独立的休憩空间（图4.10），具有较好的私密性和安静氛围，因此，在四个公园中它的感知性因子评价最高。

图 4.9 以低矮灌木为主的绿化隔离　　　　图 4.10 相对独立私密的休憩空间

4.2.3 休息性因子分析

在休息性因子中，"休息设施数量充足——不充足"的值最高，其次是"休息设施舒适性好——不好"，休息性因子的表达通过对公园内休息设施的数量、舒适性以及观景性设计的共同表现实现。休息设施的数量充足能极大地促进居民在公园内的休憩和停留。精神疲惫的人群往往对舒适性有着更敏锐的感受。同时，休息设施朝向景观性的好坏也决定了居民停留在公园时间的长短，受访者表示更愿意坐在能看见优美自然景观的休息设施处。问卷调查中公园 1 采用的木质树池座椅舒适性较高，且原生态材质让居民更亲近自然，因此其休息性因子评价最高（图 4.11），公园 4 采用的大理石长凳比较坚硬和冰凉（图 4.12），且对向布置在园路两侧，朝向的景观性比较差，其休息性因子评价最低。

图 4.11 较舒适的木质树池座椅　　　　图 4.12 较坚硬和冰凉的大理石长凳

4.2.4 活动性因子分析

在活动性因子中，"娱乐健身设施数量充足——不充足"的值最高，其次是"活动场地数量充足——不充足"，活动性因子的表达通过公园内与娱乐健身活动相关的设施配置实现。访谈中受访者认为开展行为活动受到公园活动场地的影响最大，对于娱乐健身设施的丰富度也有所要求，说明受访者希望公园内能提供充足的活动场地和种类数量丰富的娱乐健身设施以供体力活动。问卷调查中公园 4 的活动场地和娱乐健身设施充足且种类较多，在四个公园中它的活动性因子评价最高。

4.3　社区公园恢复性环境特征因子定量化评价

上阶段研究确定了社区公园恢复性环境特征的主要因子，并对其因子的影响程度进行了评价。本阶段在上阶段研究的基础上进一步深化，对社区公园恢复性物理环境特征因子进行定量化评价，确定物理环境特征因子和心理环境特征因子与恢复性效应之间的相关关系。

4.3.1　评价体系构建

要进行社区公园恢复性环境特征因子的定量化评价，首先要建立科学合理的评价体系。本书通过评价模型、评价方法选择和评价因子选取共同构建评价体系。

1. 评价模型

社区公园恢复性环境特征因子的定量化评价是人对客观环境的评价，从根本上讲是讨论人与物质环境之间的关系。通过 4.1 节对社区公园恢复性环境特征因子的分析，共提取了自然性因子、感知性因子、休息性因子和活动性因子四个特征因子，这四个特征因子又可以归纳为公园的物理环境特征因子和心理环境特征因子两类。物理环境对人产生行为心理的诱导，心理环境是推动物理环境利用的内驱力，因此物理环境特征因子与心理环境特征因子共同影响了社区中居民的恢复性体验，而心理环境特征因子又受到物理环境特征因子的影响。同时，根据环境与行为关系的论述，居民的行为模式是社区公园环境特征因子产生恢复性效应的中介。基于以上分析建立评价模型（图 4.13），从图中可以看到，物理环境特征因子和心理环境特征因子通过直接影响或通过行为模式的间接影响对居民的恢复性效应产生作用。本阶段的研究如图 4.13 中虚线框所示，从居民的恢复性效应和对环境的心理反应角度，进行心理环境特征因子与恢复性体验的主观测量，从而对社区公园恢复性物理环境特征因子进行定量化评价，进而探索社区公园恢复性环境的特征，本阶段研究暂不做行为模式的分析。

2. 评价方法选择

本书对社区公园环境的评价方法借鉴景观评价方法。景观可被视为对环境的一种特殊看法，而进行景观评价的目的是作为环境规划和资源管理时的辅助及参考。景观视觉品质的评价被认为是表示环境品质的一种方法，让大众去评估它，可以快速有效地表达公众的评价。景观评价有多种方法，依据人与实质环境间的互动关系将评价方法归纳为专家模式（expert paradigm）、心理物理模式（psychophysical paradigm）、

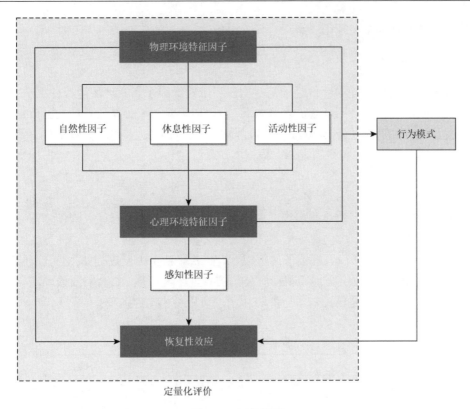

图 4.13　评价模型

认知模式（cognitive paradigm）及体验模式（experiential paradigm）四类[163]。专家模式和体验模式较为主观以及较强调特质，因此较难量化；相对地，心理物理模式和认知模式能够忽略个别受测者的美感判断，而将评价者予以一般化（generalization），因此可代表大众的一般反应。本书针对知觉环境中影响恢复性效应的特征因子与观察者对环境的恢复性效应评价进行探讨，并针对不同情境的恢复效应对景观偏好关系进行研究，因此采用观察者对景观环境所产生的内在心理的认知模式进行评价。

居民环境感知直观体验的方式包括视觉、听觉、嗅觉、触觉和味觉，而研究也证实居民接收环境的信息时，有 87%是通过眼睛捕获的，且 75%～90%的行为是由视觉引起的[164]。同时视觉也是在研究环境行为时简易可操作的方法，并利于不同时间或空间上进行比较，因此研究者偏好使用照片和幻灯片的方式对受试者做资料的搜集与统计。研究表明，照片评估与现场评估结果具有高度一致性。

照片中公园物理环境的量化采用照片方格测量法，直接计算受测者所观赏照片中的物理属性。照片测量法虽然只能实现对公园环境的静态观测（实际人对环境的观察过程为动态过程），但该方法具有操作简单、再现真实景观和统一评价标准等优点[165-167]，在景观感知评价的相关研究中得到广泛使用[168]。而对于小型公园环境的量化，谢弗（Shafer）和努德（Nordh）等在研究中采用照片方格测量法，并建立了环境元素与居民心理感受的模型[52, 169]。

综上，根据心理物理模式的主要评价方法（美景度评价法），并结合照片方格测量法，对社区公园恢复性环境特征因子进行定量化评价。

3．评价因子选取

社区公园恢复性环境的评价因子包括物理环境特征因子和心理环境特征因子。物理环境特征因子反映了社区公园环境的客观效果，心理环境特征因子是居民对社区公园环境的心理感受。目前关于社区公园环境的评价，根据评价方向（人性化、景观偏好、使用满意度等）的不同，指标体系也各有侧重，根据本次研究的评价方向，对于评价指标的选取也需要具有针对性。

1）物理环境特征因子指标体系

物理环境特征因子是定量化研究的关键因子，根据 4.1 节对社区公园恢复性环境特征因子的分析，共提取三个与物理环境特征相关的公共因子：自然性因子、休息性因子和活动性因子。明确了物理环境特征因子的组成后，需要对各个因子进行细化，选取能够测量特征因子的指标，从而较全面地表现社区公园的物理环境特征。结合前面的理论和文献研究以及因子分析成果，通过比较、合并与删选，可以得出 13 项指标（表 4.5）。

表 4.5　评价指标说明

因子	序号	指标	内涵	测量方法
自然性因子	1	乔灌木面积	公园中乔灌木所占的面积	以方格法计算公园照片中乔木所占格数
	2	草坪面积	公园中草坪所占的面积	以方格法计算公园照片中草坪所占格数
	3	水体面积	公园中水体所占的面积	以方格法计算公园照片中水体所占格数
	4	植物种类	公园中植物的种类数	照片中所有乔木、灌木、草本等植物的种类数
	5	主体色彩	公园中明显的色彩种类和色彩数量	Photoshop 马赛克滤镜处理后提取
	6	地形	地表的起伏形态	根据照片将地形分为平坦、起伏两类形态
	7	绿视率	视线范围内绿色植物所占的比例	以方格法计算公园照片中所有植物所占格数的比例
	8	硬质铺装面积	公园中硬质铺装所占的面积	以方格法计算公园照片中硬质铺装所占格数
	9	周边元素面积	公园外建筑背景、车辆等物理元素所占的面积	以方格法计算公园照片中公园外的建筑、车辆等物理元素所占格数
休息性因子	10	休息设施面积	公园中休息设施所占的面积	以方格法计算公园照片中休息设施所占格数
	11	休息设施材质	公园中可供休息的座、椅、凳等的材质	照片中所有休息设施的材质
活动性因子	12	活动场地面积	公园中活动场地所占的面积	以方格法计算公园照片中活动场地所占格数
	13	娱乐健身设施面积	公园中娱乐健身设施所占的面积	以方格法计算公园照片中娱乐健身设施所占格数

需要对以上评价指标进行的几点说明如下。

（1）4.1 节社区公园恢复性环境特征因子分析结果表明，自然性因子对居民的恢复性效应影响力最大，加之公园的自然环境属性是最重要的属性，因此自然性因子类别下的指标最为全面和详细，是本阶段定量化评价的关键性特征因子。

（2）自然性因子类别下的硬质铺装面积与周边元素面积虽不属于自然性要素，且在前面研究中表明这两项指标具有负向影响，但在本阶段研究中纳入这两项指标，作为自然性要素的反向因子，共同反映自然性因子的定量化评价。硬质铺装面积包括硬质材料铺地以及采用硬质材料砌成的花坛、墙面等的面积。周边元素面积包括公园外的建筑、车辆、构筑物、广告牌等物理元素的面积。

（3）自然性因子类别下的绿视率（green looking ratio）是指人们视线范围内绿色植物所占的比例。在科学研究中，通常通过照片中绿色植物的面积占整个照片的比例获得。它随着时间和空间的变化而变化，是人对环境感知的一个动态衡量因素，可以客观地反映公园环境的视觉生态质量。

（4）活动场地的含义很广泛，在本书中限定为社区公园中承载居民活动的硬质地面或软质地面，以及承载各种娱乐健身设施的地面称为活动场地。因此评价指标中的活动场地面积与硬质铺装面积会产生重合，但不相同。如狭窄的硬质铺装道路、与休息设施关系密切的硬质铺装、硬质铺装的阶梯等的面积属于硬质铺装面积，而不属于活动场地面积。

2）心理环境特征因子指标体系

根据 4.1 节对社区公园恢复性环境特征因子的分析，所提取的感知性因子主要反映了公园的心理环境特征，包括空间氛围性、空间私密性、空间安全性、环境卫生度和周边环境隔离度。综合考虑本节研究（照片刺激、环境取样和评级程序）的限制性，空间氛围性和安全性在照片中难以评价，而照片样本的选择会保证好的环境卫生，因此保留空间私密性和周边环境隔离度两项指标。

结合社区公园恢复性环境的基本特征，自然性特征可以通过自然性因子反映；恢复行为支持性特征在本节暂不讨论；距离感特征和魅力性特征是心理环境特征的综合反映，因此也纳入心理环境特征因子指标体系中进行评价。

综合以上指标，周边环境隔离度指标与距离感指标描述内容有重合，予以合并，最终保留三项指标（表 4.6）。

表 4.6　评价指标说明

因子	序号	指标	内涵	测量方法
感知性因子	1	距离感	在这里能够远离生活中的烦恼、不需要完全集中注意力并让人从繁忙的工作中得到放松	照片测试打分
	2	魅力性	这个地方很迷人、不会无聊，人们的注意力会被这里吸引	照片测试打分
	3	私密性	在这里人们可以很容易投入做自己想做的事情而不被打扰	照片测试打分

3）恢复性效应评价

恢复性效应评价选定两个指标进行主观测量。根据前人的研究方法，将环境偏好作为恢复性的预测指标。如卡普兰夫妇总结的，一个让人喜欢的环境，更可能是个具有恢复性的环境。因此，前人的研究中都把环境的偏好作为恢复性的外在指标。通过照片测试打分的方法，获得受测者的恢复度和偏好度评价（表 4.7）。

表 4.7　评价项目说明

	序号	评价项目	内涵	测量方法
恢复性效应	1	恢复度	产生缓解精神压力、消除不良情绪、减少心理疲劳并恢复注意力等恢复性感受的程度	照片测试打分
	2	偏好度	一种反映人对环境喜欢程度的态度	照片测试打分

4. 评价体系框架

评价体系框架如图 4.14 所示。

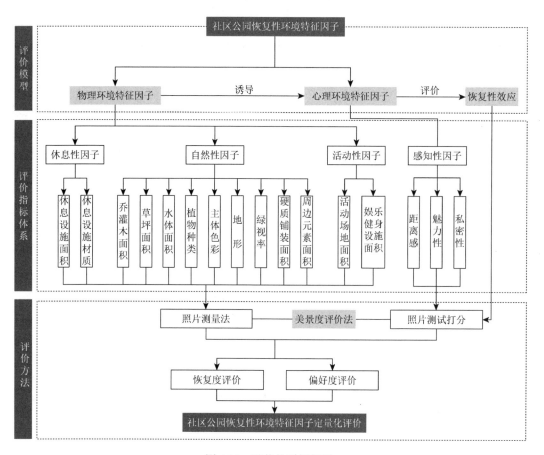

图 4.14　评价体系框架图

4.3.2　研究步骤与数据收集

1. 公园照片获取与筛选

本书选择重庆市主城区内 20 个社区公园作为研究地点。相关研究已对照片拍摄的时间、角度、器材等做出了说明[170]，结合研究实际，公园照片的拍摄遵循以下标准。

（1）天气状况良好，晴朗或微云，同一时段进行（照片样本在2014年10月中旬～2015年3月上旬和2016年9月上旬～2016年10月下旬，上午9点～下午4点，类似天气条件下收集）。

（2）采用28mm镜头，设置基本一致的光圈和曝光时间（研究显示以28mm镜头所拍摄照片与现场评估结果最为相近）。

（3）以固定眼高、仰角约15°的拍摄方式。

（4）采用横向拍摄，每张照片尺寸相同（照片尺寸都为3209像素×2410像素）。

拍摄共获取照片325张，为了取得更好的测试效果，需要对这些照片进行筛选，筛选掉：照片中游人过多导致环境感知受到影响的照片；构图不合理导致公园环境主体受到忽视的照片；公园环境构成极度类似的照片；有明显的垃圾、损害严重的设施或折断的树木等偶发性的不协调景观的照片。最后筛选出25张照片样本作为测试使用。

2. 照片样本评价项目测量

1）物理环境特征因子测量

采用照片方格测量法进行公园物理环境的量化。使用Photoshop CS6进行照片的处理，以30×40个透明方格网完全覆盖每张照片样本，并以不同颜色的色块代表相应的评价指标（图4.15），计算每项待测指标所占的格数，并计算出相对于总图所占格数的百分比。

图4.15　量化方法的示意图

绿视率的测量方法主要是通过视线内占有的绿化情况衡量绿化的数量特征，基于前面的照片方格法衡量公园的绿视率。计算绿色植物所占的格数，并计算出相对于总图所占格数的百分比（图4.16）。

主体色彩种类和数量的提取通过Photoshop CS6对照片进行去杂色处理，采用滤镜中的马赛克化处理，将马赛克的单元格大小统一定为200方形，剔除天空周边元素色彩，提取公园内主要色彩（图4.17），并计算主体色彩的个数。

根据以上样本处理，可以获得示例照片样本的物理环境指标量化值如表4.8所示。

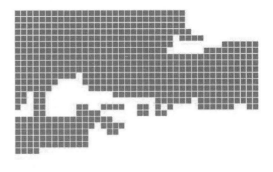

图 4.16　绿视率的测量方法

图 4.17　主体色彩种类和数量提取过程

表 4.8　照片样本的物理环境指标量化值

序号	指标	示例照片样本
1	乔灌木面积	57.2%
2	草坪面积	0.5%
3	水体面积	2.4%
4	植物种类	6
5	主体色彩	▉▉▉▉▉▉
6	地形	起伏
7	绿视率	49.3%
8	硬质铺装面积	27.4%
9	周边元素面积	1.2%
10	休息设施面积	2.5%
11	休息设施材质	木材
12	活动场地面积	20.6%
13	娱乐健身设施面积	0

2）心理环境特征因子测量

心理环境特征因子指标包括三个：距离感、魅力性、私密性。测量方法采用照片测试打分。每个指标采用一句话来描述，分别是："这是一个让我从繁忙工作学习中得到放松，远离生活烦恼的地方"（距离感）；"这个地方很迷人，我的注意力被这里所吸引"（魅力性）；"这里能让我投入地做自己想做的事情而不被打扰"（私密性）。

3）恢复性效应测量

恢复性效应评价项目包括两个：恢复性效应和环境偏好。每个评价项目采用一句话来描述，分别是："我能在这个地方放松休息活动，并缓解压力和疲劳"（恢复性效应）；"我喜欢这个地方"（环境偏好）。

3. 照片测试程序

（1）正式评价开始前先向受测者做简要说明，先进行标准化说明，其内容如下。

"您好！我正在进行社区公园环境特征对居民身心健康恢复作用的研究，希望您根据自身真实感受对以下的照片做出评价，每张照片观看时间请不要超过 10 秒。此次调查所有问卷均为匿名，感谢您的大力支持和配合，祝您身体健康！"

（2）正式评价前先快速放五张与待评价照片类似的照片，作为参考基准，以便让受测者对将要评价的公园环境有一些概念，并想象如何打分，帮助受测者先拟定评分标尺。

（3）正式放映照片样本，每张照片放映时间为 10 秒，受测者按照照片放映次序在评价反应表上记录对每张照片的反应值。以 0 分（完全不同意）～10 分（完全同意）对 25 张照片样本依次进行评价。

调查分析技术流程如图 4.18 所示。

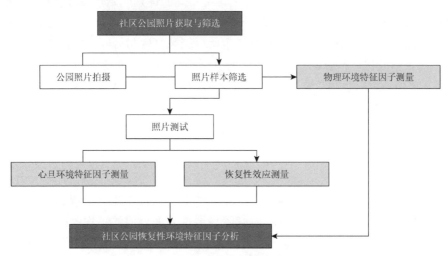

图 4.18　调查分析技术流程

4. 受测者

受测者选择方面，有研究表示，学生与非学生团体所做的环境评价结果高度一致[171]，且学生团体获取资料更为容易，因此，本书选取重庆大学和西南科技大学共 60 名在校学生进行测试，共回收有效问卷 60 份。

4.3.3　统计方法

本书获取了表示社区公园环境恢复性效应评价的心理反应因子指标、表示社区公园环境状况的心理环境特征因子指标和物理环境特征因子指标。采用数理统计方法中的相关性分析和回归分析对数据进行处理。可以获得社区公园心理环境特征因子和社区公园物理环境特征因子之间的关系，以及与人群恢复性效应之间的关系，并建立社区公园环境恢复度模型。研究将这些社区公园物理环境特征因子进行对比，得出哪些公园物理环境特征对居民恢复具有积极的影响，哪些社区公园物理环境特征对人群恢复具有消极的影响，总结出公园的恢复性物理环境特征。

4.3.4　建立模型

本书主要采用美景度评价法，而美景度评价法的数据处理阶段，需要将受测者的评价以适当的数学转换方式，转换成可相互比较的心理尺度数据，即 SBE 值。SBE 法的优点就是可以建立一个量化评价数学模型，通过选取适合景观评价的因子，并最终分析出影响景观美景度的预测模型。本书将 SBE 值替换为恢复度与偏好度，进行评价值的标准化，并建立恢复关系的模型。

1. "恢复度"与"偏好度"评价值标准化

由于本书选择的受测者中不同个体可能含有不同的评判起始点或度量尺度，为消除不同受测对象因对社区公园环境审美差异而造成的评价量化标准不同，首先运用 SBE 评判法中的美景度值标准化公式，对每个照片样本所对应恢复度与偏好度的评值分别进行标准化处理，得到标准化值，以同一个样本的所有标准化值的平均值作为该样本的标准化 Z 值，即恢复度值和偏好度值，反映各样本的恢复度质量和受测者的审美特点，利用恢复度与偏好度标准化得到具体分值进行相关分析和方差分析如下：

$$Z_{ij} = (R_{ij} - \overline{R}_j)/S_j$$
$$Z_i = \sum_j Z_{ij}/N_j$$

式中，Z_{ij} 为第 j 个测试者对第 i 个照片样本的标准化值；R_{ij} 为第 j 个测试者对第 i 个照片样本的评分值；$\overline{R}_j$ 为第 j 个测试者对所有照片样本的评分值的平均值；S_j 为第 j 个测试者对所有照片样本的评分值的标准差；Z_i 为第 i 个照片样本的标准化得分值；N_j 为测试者的总数。

通过这个公式可以得出编号为 j 的测试者对编号 i 的照片样本的恢复度与偏好度标准化值，然后分别算出测试组中每一个人对照片样本的恢复度与偏好度评价标准值，然后再求标准值的平均值，得出该测试组对第 i 个照片样本的恢复度与偏好度评价标准值。

2. 建立恢复度模型

采用 SPSS 22.0 软件做多元线性逐步回归分析，建立恢复度与各评价指标之间的关系模型。将各样本的恢复度作为因变量，各样本评价指标的值作为自变量，采用多元线性回归方程的形式分析，主要采用逐步（stepwise）分析法、向后（backward）法，逐步去除不太重要的因子，最后保留下的建立恢复度模型、选出影响社区公园环境恢复度的主要物理环境要素，并分别进行分析。

4.3.5　分析与评价

1. 恢复度与偏好度的评价标准值比较

通过对恢复度与偏好度评价值标准化处理，可以获得 25 个照片样本的恢复度与偏好度标准值与排序（表 4.9）。

表 4.9　重庆市社区公园环境样本恢复度与偏好度标准值

照片样本编号	恢复度		偏好度	
	恢复度标准值	排序	偏好度标准值	排序
1	1.452176839	1	1.439669581	1
2	0.369050516	9	0.529765995	8
3	−1.56143585	24	−1.53692492	24
4	0.100222968	11	0.105006683	10
5	−1.83899616	25	−1.7927522	25
6	0.070798565	12	0.073270476	11
7	−0.01803399	14	−0.13242391	15
8	−0.72349213	20	−0.5494715	19
9	0.59561764	7	0.596287543	7
10	1.223475154	3	1.42920421	2
11	−0.13064123	15	0.013385363	13
12	−0.55512625	19	−0.28766955	18
13	0.72632331	6	0.720142473	6
14	1.449336002	2	1.197939737	3
15	1.046541825	4	1.042519221	4
16	−1.08853983	23	−1.05259132	23
17	0.529220824	8	0.361317359	9
18	−0.29549281	18	−1.02390139	22
19	0.162873952	10	0.143415772	12
20	−1.06846368	22	−0.73179598	20
21	0.776043304	5	0.753089401	5
22	0.009137193	13	−0.02896628	14
23	−0.23219836	16	−0.24578333	16
24	−0.26274357	17	−0.26656305	17
25	−0.73565422	21	−0.75617039	21

通过对恢复度与偏好度的评价值比较（图 4.19），可以看出恢复度与偏好度的变化趋势大致一样，说明恢复度好的环境居民也是比较喜欢的，换言之，居民喜欢的环境也具有好的恢复效应。采用 SPSS 22.0 软件做回归分析，结果（表 4.10）显示，恢复度对偏好度有非常显著的影响，且二者呈正相关。研究结果与卡普兰夫妇的结论一致。

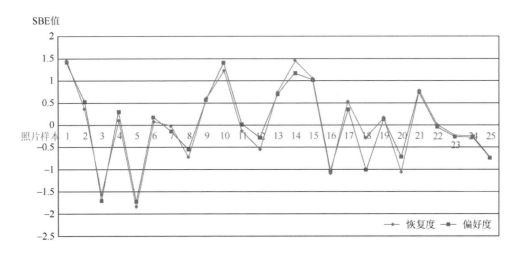

图 4.19 恢复度与偏好度评价值比较

表 4.10 回归分析

模型		非准化系数		标准化系数	T	Sig.
		B	标误差	β		
1	（常数）	-3.824×10^{-11}	0.042		0.000	1.000
	恢复度	0.956	0.048	0.972	19.777	0.000

注：因变量为偏好度。

2. 恢复度评价值分析

由表 4.9 分析结果得知，整体受测者认为恢复度最好的公园环境依次为照片样本 1、样本 14、样本 10、样本 15、样本 21（表 4.11），受测者认为恢复度最不好的公园环境依次为照片样本 5、样本 3、样本 16、样本 20、样本 25（表 4.12）。进一步将最好与最不好的照片进行比较，可发现恢复度最好的前五名照片中，其乔灌木面积较大、绿视率较高，植物种类较丰富，硬质铺装和周边元素面积多偏小，且多含水体景观。而恢复度最低的五张照片，其乔灌木面积中等偏小，绿视率中等偏低，植物种类中等偏少，硬质铺装和周边元素面积中等偏大，且都不含水体景观。

表 4.11　受测者认为恢复度前五名照片样本

	样本 1	样本 14	样本 10	样本 15	样本 21
恢复度	1.452176839	1.449336002	1.223475154	1.046541825	0.776043304
乔灌木面积	57.2%	42.5%	23.8%	55.2%	92.0%
草坪面积	0.5%	31.6%	3.2%	1.3%	4.8%
水体面积	2.4%	4.8%	40.4%	0	0
植物种类	6 种	5 种	10 种	7 种	8 种
主体色彩	6 种	3 种	5 种	4 种	4 种
地形	起伏	起伏	平坦	起伏	平坦
绿视率	49.3%	74.1%	28.9%	56.7%	96.8%
硬质铺装面积	27.4%	0	3.4%	22.7%	0.8%
周边元素面积	1.2%	0	0	0.3%	0
休息设施面积	2.5%	0	0	9.3%	0
休息设施材质	木材	无	无	水泥	无
活动场地面积	20.6%	0	0	0	0
娱乐健身设施面积	0	0	0	0	0

表 4.12　受测者认为恢复度后五名照片样本

	样本 5	样本 3	样本 16	样本 20	样本 25
恢复度	−1.7927522	−1.53692492	−1.05259132	−1.02390139	−0.75617039
乔灌木面积	29.1%	30.6%	29.4%	32.7%	28.7%
草坪面积	1.8%	6.0%	4.4%	4.0%	3.8%
水体面积	0	0	0	0	0
植物种类	4 种	4 种	4 种	4 种	3 种
主体色彩	4 种	5 种	4 种	4 种	3 种
地形	平坦	平坦	平坦	起伏	平坦
绿视率	20.5%	25.8%	33.8%	36.7%	32.5%
硬质铺装面积	16.2%	31.9%	7.9%	25.3%	15.5%

	样本 5	样本 3	样本 16	样本 20	样本 25
周边元素面积	29.6%	7.5%	3.3%	8.2%	0.8%
休息设施面积	0	3.4%	0	3.3%	0.3%
休息设施材质	无	石材	无	木材	木材
活动场地面积	12.4%	31.9%	25.3%	0	13.7%
娱乐健身设施面积	0	0	2.2%	0	1.3%

　　本书将恢复度前五名与后五名的照片样本各项数值的平均值进行比较，比较结果如表 4.13 所示。结果表明，恢复度前五名的照片样本乔灌木面积平均值（54.14%）高于恢复度后五名的照片样本（30.1%），恢复度前五名的照片样本绿视率平均值（61.16%）高于恢复度后五名的照片样本（29.86%），恢复度前五名的照片样本草坪面积平均值（8.28%）高于恢复度后五名的照片样本（4.0%），表明植栽面积较高的环境可能恢复度较高。恢复度前五名的照片样本水体面积平均值（9.52%）大于后五名的照片样本（0），表明有水体的环境可能提高恢复度。在植物种类和环境主体色彩方面，恢复度前五名的照片样本植物种类平均值（7.2 种）大于后五名的照片样本（3.8 种），恢复度前五名的照片样本主题色彩平均值（4.4 种）略大于后五名的照片样本（4 种），表明植物种类和环境主体色彩越丰富，可能恢复度越高。

　　在人工元素多寡部分，恢复度后五名的照片样本硬质铺装面积平均值（19.36%）高于恢复度前五名的照片样本（10.86%），恢复度后五名的照片样本周边元素面积平均值（9.88%）高于恢复度前五名的照片样本（0.3%），恢复度后五名的照片样本活动场地面积平均值（16.66%）高于恢复度前五名的照片样本（4.12%），恢复度后五名的照片样本娱乐健身设施面积平均值（0.7%）略高于恢复度前五名的照片样本（0），表明越少人工元素，其恢复度可能越高。与之相反的是，恢复度前五名的照片样本休息设施面积平均值（2.36%）略大于后五名的照片样本（1.4%），表明休息设施的数量可能对恢复度的提高有一定正向作用。

　　以上根据各样本的恢复度评价值和物理环境特征评价指标值进行分析，所得出的初步结论反映了一定的规律性，为了更准确地对变量之间的关系进行验证，还需要进一步构建数学模型进行分析。

表 4.13　恢复度前五名与后五名平均值比较

	恢复度前五名平均值		恢复度后五名平均值
恢复度	1.189514625	>	−1.232468044
乔灌木面积	54.14%	>	30.1%
草坪面积	8.28%	>	4.0%
水体面积	9.52%	>	0
植物种类	7.2 种	>	3.8 种

续表

	恢复度前五名平均值		恢复度后五名平均值
主体色彩	4.4 种	>	4 种
绿视率	61.16%	>	29.86%
硬质铺装面积	10.86%	<	19.36%
周边元素面积	0.3%	<	9.88%
休息设施面积	2.36%	>	1.4%
活动场地面积	4.12%	<	16.66%
娱乐健身设施面积	0	<	0.7%

3. 物理环境特征因子与心理环境特征因子间的关系分析

前面已经论述了本阶段研究所确定的三个心理环境特征因子对社区公园的恢复效应都具有正向作用，并且是产生恢复效应的重要心理环境特征。根据三项心理环境特征因子的评价结果（图 4.20），可以看到，除了少数几个样本（如样本 3、样本 5、样本 25）的三项评价结果趋于一样，其他样本的各项评价结果都有或大或小的差异，某一项评价值高的，不代表各项评价值都高。并且 25 张照片样本的私密性评价值明显低于距离感和魅力性的评价值。因此要对每一项因子的评价结果进行单独分析，判断哪些物理环境因子对评价结果起积极作用，哪些起消极作用。

社区公园的物理环境特征直接影响了居民的心理评价，所以，将物理环境特征因子与心理环境特征因子作相关性分析，就可以初步确定物理环境与心理环境之间的关系，从而初步确定哪些因子决定了社区公园特定的心理环境特征。

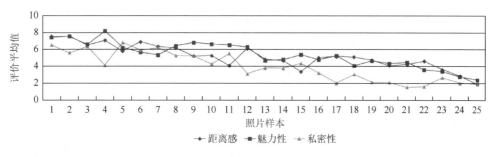

图 4.20　心理环境特征因子评价结果统计

采用 SPSS 22.0 软件做皮尔逊（Pearson）相关性分析，用来度量两个变量之间的相互关系（线性相关），得出单个物理环境特征因子与心理环境特征因子的关系，结果如表 4.14 所示。可以看出，每项心理环境特征因子与其对应相关的物理环境特征因子如下。

（1）与距离感相关的物理环境特征因子。

正相关：乔灌木面积、植物种类、地形、绿视率。

负相关：硬质铺装面积、周边元素面积、活动场地面积。

（2）与魅力性相关的物理环境特征因子。

正相关：乔灌木面积、水体面积、植物种类、绿视率。

负相关：硬质铺装面积、活动场地面积。

（3）与私密性相关的物理环境特征因子。

正相关：乔灌木面积、植物种类、绿视率。

负相关：硬质铺装面积、活动场地面积、娱乐健身设施面积。

表 4.14　心理环境和物理环境特征因子皮尔逊相关性分析结果

物理环境特征因子		距离感	魅力性	私密性
皮尔逊相关	乔灌木面积	0.439	0.376	0.599
	草坪面积	0.220	0.121	0.087
	水体面积	0.299	0.503	0.142
	植物种类	0.453	0.554	0.527
	主体色彩数	0.009	0.258	0.136
	地形	0.360	0.155	0.153
	绿视率	0.553	0.415	0.579
	硬质铺装面积	−0.341	−0.347	−0.380
	周边元素面积	−0.687	−0.285	−0.078
	休息设施面积	0.156	0.038	0.099
	休息设施材质	−0.168	−0.217	−0.280
	活动场地面积	−0.393	−0.446	−0.585
	娱乐健身设施面积	−0.094	−0.097	−0.426
显著性 （<0.05 为有显著性意义）	乔灌木面积	0.014	0.032	0.001
	草坪面积	0.145	0.283	0.340
	水体面积	0.073	0.005	0.250
	植物种类	0.011	0.002	0.003
	主体色彩数	0.483	0.107	0.259
	地形	0.038	0.230	0.233
	绿视率	0.002	0.020	0.001
	硬质铺装面积	0.048	0.045	0.031
	周边元素面积	0.000	0.083	0.355
	休息设施面积	0.229	0.429	0.319
	休息设施材质	0.211	0.149	0.088
	活动场地面积	0.026	0.013	0.001
	娱乐健身设施面积	0.327	0.322	0.017

　　分析可知社区公园心理环境特征因子都是由几个物理环境特征因子共同作用的结果，所以有必要分析这些因子间的共同作用。而多元线性回归分析可以很好地揭示多个自变量与因变量之间的关系。为了避免共线性问题，将采用逐步多元线性回归进行分析，以心理环境特征因子为因变量，以物理环境特征因子为自变量，进一步检验和深化分析人群心理评价与社区公园物理环境特征因子之间的关系，得出哪些物理环境特征因子影响相应的心理环境特征因子，并通过对比分析究竟是哪些要素特征对人群心理评价产生积极的影响，哪些要素特征对人群心理评价产生消极的影响以及它们如何影响。

　　1）社区公园物理环境特征因子对距离感的影响

　　由多元线性回归结果（表 4.15）可知，距离感受到周边元素面积、植物种类和绿视率的影响，且 Sig 值分别为 0.001、0.002、0.016，在 $P = 0.01$ 的水平显著，线性关系显著。

　　周边元素面积对距离感的影响最大，B 值为-0.508，说明周边元素面积与距离感呈负相关，周边元素面积越大，距离感的评价越低；植物种类与距离感呈正相关（B 值为 0.403），说明植物种类越多，距离感评价越高；绿视率与距离感呈正相关（B 值为 0.335），说明绿视率越高，距离感评价越高。

表 4.15　距离感与社区公园物理环境多元线性回归分析

模型		非标准化系数		标准化系数	T	Sig.
		B	标准误差	β		
1	（常数）	-2.751×10^{-16}	0.149		0.000	1.000
	周边元素面积	-0.687	0.152	-0.687	-4.531	0.000
2	（常数）	-5.250×10^{-16}	0.128		0.000	1.000
	周边元素面积	-0.650	0.131	-0.650	-4.957	0.000
	植物种类	0.393	0.131	0.393	2.994	0.007
3	（常数）	-5.809×10^{-16}	0.114		.000	1.000
	周边元素面积	-0.508	0.129	-0.508	-3.939	0.001
	植物种类	0.403	0.117	0.403	3.451	0.002
	绿视率	0.335	0.128	0.335	2.609	0.016

注：因变量为距离感。

　　根据受测者认为距离感评价值的前五名和后五名照片样本的对比（表 4.16 和表 4.17）可知，前五名照片样本的周边元素面积多为 0 或者仅占 1%左右，而后五名照片样本的周边元素面积达到 7.5%以上，排名最后的照片样本 5 的周边元素面积高达 29.6%；前五名照片样本的植物种类都达到 5 种以上，最多达到了 10 种，而后五名照片样本的植物种类以 4 种为主；前五名照片样本的绿视率也整体高于后五名照片样本的绿视率。

表 4.16　受测者认为距离感评价值前五名照片样本

	样本 1	样本 14	样本 10	样本 15	样本 21
距离感评价值	7.60	7.55	7.10	6.93	6.52
周边元素面积	1.2%	0	0	0.3%	0
植物种类	6 种	5 种	10 种	7 种	8 种
绿视率	49.3%	74.1%	28.9%	56.7%	96.8%

表 4.17　受测者认为距离感评价值后五名照片样本

	样本 5	样本 3	样本 4	样本 20	样本 19
距离感评价值	1.88	2.83	3.38	3.65	4.07
周边元素面积	29.6%	7.5%	24.8%	8.2%	24.1%
植物种类	4 种	4 种	5 种	4 种	4 种
绿视率	20.5%	25.8%	54%	36.7%	41.6%

2）社区公园物理环境特征因子对魅力性的影响

由多元线性回归结果（表 4.18）可知，魅力性受到绿视率、水体面积和植物种类的影响，且 Sig 值分别为 0.001、0.004、0.050，在 $P = 0.05$ 的水平显著，线性关系较显著。

绿视率对魅力性的影响最大，B 值为 0.546，说明绿视率与魅力性呈正相关，绿视率越高，魅力性评价越高；水体面积对魅力性的影响力次之，二者呈正相关（B 值为 0.502），说明水体面积越大，魅力性评价越高；植物种类与魅力性呈正相关（B 值为 0.310），说明植物种类越多，魅力性评价越高。

表 4.18　魅力性与社区公园物理环境多元线性回归分析

模型		非标准化系数		标准化系数	T	Sig.
		B	标准误差	β		
1	（常数）	-6.185×10^{-16}	0.170		0.000	1.000
	植物种类	0.554	0.174	0.554	3.194	0.004

续表

模型		非标准化系数		标准化系数	T	Sig.
		B	标准误差	β		
2	（常数）	-6.743×10^{-16}	0.151		0.000	1.000
	植物种类	0.551	0.154	0.551	3.564	0.002
	绿视率	0.410	0.154	0.410	2.652	0.015
3	（常数）	-5.983×10^{-16}	0.126		0.000	1.000
	植物种类	0.310	0.149	0.310	2.084	0.050
	绿视率	0.546	0.136	0.546	4.027	0.001
	水体面积	0.502	0.154	0.502	3.249	0.004

注：因变量为魅力性。

　　根据受测者认为魅力性评价值前五名和后五名照片样本的对比（表 4.19 和表 4.20）可知，前五名照片样本的绿视率都在 28.9%以上，最高达到 74.1%，而后五名照片样本的绿视率在 20.5%～36.7%，总体来说前五名绿视率整体高于后五名；前五名照片样本中有四个样本含有水体面积，其中排名第一的水体面积高达 40.4%，而后五名照片样本都不含有水体面积；前五名照片样本的植物种类也整体高于后五名照片样本，其中排第一名的植物种类多达 10 种。

表 4.19　受测者认为魅力性评价值前五名照片样本

	样本 10	样本 1	样本 14	样本 9	样本 22
魅力性评价值	8.21	7.56	7.53	6.82	6.63
绿视率	28.9%	49.3%	74.1%	40.5%	55.4%
水体面积	40.4%	2.4%	4.8%	24.2%	0
植物种类	10 种	6 种	5 种	4 种	6 种

表 4.20　受测者认为魅力性评价值后五名照片样本

	样本 5	样本 3	样本 20	样本 16	样本 25
魅力性评价值	2.38	2.78	3.43	3.6	4.07
绿视率	20.5%	25.8%	36.7%	33.8%	32.5%
水体面积	0	0	0	0	0
植物种类	4	4	4	4	3

3）社区公园物理环境特征因子对私密性的影响

由多元线性回归结果（表 4.21）可知，私密性受到乔灌木面积、活动场地面积和植物种类的影响，且 Sig 值分别为 0.010、0.018、0.036，在 $P = 0.05$ 的水平显著，线性关系较显著。

表 4.21　私密性与社区公园物理环境多元线性回归分析

模型		非标准化系数		标准化系数	T	Sig.
		B	标准误差	β		
1	（常数）	-1.998×10^{-16}	0.164		0.000	1.000
	乔灌木面积	0.599	0.167	0.599	3.587	0.002
2	（常数）	-1.366×10^{-16}	0.142		0.000	1.000
	乔灌木面积	0.463	0.152	0.463	3.040	0.006
	活动场地面积	-0.444	0.152	-0.444	-2.912	0.008
3	（常数）	-3.449×10^{-16}	0.131		0.000	1.000
	乔灌木面积	0.404	0.143	0.404	2.834	0.010
	活动场地面积	-0.371	0.144	-0.371	-2.578	0.018
	植物种类	0.317	0.142	0.317	2.240	0.036

注：因变量为私密性。

乔灌木面积对私密性的影响最大，B 值为 0.404，说明乔灌木面积与私密性呈正相关，乔灌木面积越大，私密性评价越高；活动场地面积对私密性的影响力次之，二者呈负相关（B 值为 -0.371），说明活动场地面积越大，私密性评价越低；植物种类与私密性呈正相关（B 值为 0.317），说明植物种类越多，私密性评价越高。

根据受测者认为私密性评值的前五名和后五名照片样本的对比（表 4.22 和表 4.23）可知，前五名照片样本的乔灌木面积都在 42.5% 以上，最高达 92%，而后五名照片样本的乔灌木面积都在 45.8% 以下，最低的样本仅有 29.1%；前五名照片样本的活动场地面积只有样本 2 含有 10.3%，其他四个样本均不含活动场地面积，而后五名照片样本的活动场地面积都在 12.4% 以上，其中排名最后的样本活动场地面积达到 34.3%；前五名照片样本的植物种类也整体高于后五名，其中排第一名的样本植物种类达到了 8 种。

表 4.22　受测者认为私密性好的前五名照片样本

	样本 2	样本 14	样本 21	样本 6	样本 15
私密性评价值	6.81	6.54	6.34	6.22	5.93
乔灌木面积	57.2%	42.5%	92%	66.3%	55.2%
活动场地面积	10.3%	0	0	0	0
植物种类	8 种	5 种	8 种	3 种	7 种

表 4.23　受测者认为私密性好的后五名照片样本

	样本 12	样本 16	样本 5	样本 3	样本 7
私密性评价值	1.52	1.58	1.88	2.01	2.02
乔灌木面积	38.6%	29.4%	29.1%	30.6%	45.8%
活动场地面积	34.3%	25.3%	12.4%	31.9%	26.5%
植物种类	4 种	4 种	4 种	4 种	3 种

4. 物理环境特征因子与恢复度的关系分析

采用 SPSS 22.0 软件做皮尔逊相关性分析,用来度量两个变量之间的相互关系(线性相关),得出单个物理环境特征因子与恢复度的关系,结果如表 4.24 所示。各特征因子与恢复度间的关系强弱依次为绿视率>植物种类>乔灌木面积>活动场地面积>水体面积>周边元素面积。其中,乔灌木面积、水体面积、植物种类、绿视率呈正相关;而周边元素面积、活动场地面积呈负相关。

表 4.24　皮尔逊相关性分析

物理环境特征因子		距离感
皮尔逊相关	乔灌木面积	0.472
	草坪面积	0.107
	水体面积	0.384
	植物种类	0.514
	主体色彩数	0.187
	地形	0.264
	绿视率	0.515
	硬质铺装面积	−0.328
	周边元素面积	−0.374
	休息设施面积	0.169
	休息设施材质	−0.129
	活动场地面积	−0.461
	娱乐健身设施面积	−0.070
显著性 (<0.05 为有显著性意义)	乔灌木面积	0.009
	草坪面积	0.306
	水体面积	0.029

续表

物理环境特征因子		距离感
显著性 （<0.05 为有显著性意义）	植物种类	0.004
	主体色彩数	0.185
	地形	0.101
	绿视率	0.004
	硬质铺装面积	0.055
	周边元素面积	0.033
	休息设施面积	0.210
	休息设施材质	0.269
	活动场地面积	0.010
	娱乐健身设施面积	0.369

　　分析可知恢复度都是由几个物理环境特征因子共同作用的结果，存在变量自相关的情况，如乔灌木面积和绿视率的相关系数高达 0.790，活动场地面积和硬质铺装面积的相关系数高达 0.631，说明变量之间有可能存在共线性问题，所以有必要分析这些因子间的共同作用。而多元线性回归分析可以很好地揭示多个自变量与因变量之间的关系。为了避免共线性问题，将采用逐步多元线性回归进行分析，这也是建立恢复度评价模型的方法。

　　5. 社区公园物理环境恢复度评价模型分析

　　采用 SPSS 22.0 软件，以恢复度评价值为因变量，以选定的 13 个物理环境特征因子为自变量，做多元线性逐步回归，逐步去除不太重要的因子以及自相关的因子，最后保留三个因子（绿视率、水体面积、植物种类）建立恢复度模型，结果见表 4.25～表 4.27。

表 4.25　模型摘要

模型	复相关系数	判定系数	调整判定系数	标准估计的误差	Durbin-Watson
1	0.515[a]	0.265	0.233	0.87582574	
2	0.747[b]	0.558	0.518	0.69403444	1.601
3	0.797[c]	0.635	0.582	0.64624846	

a. 预测值：（常数），绿视率。
b. 预测值：（常数），绿视率，水体面积。
c. 预测值：（常数），绿视率，水体面积，植物种类。

　　从表 4.25 可以看出，选择调整判定系数最大，且标准估计误差最小的模型 3，其复相关系数 R 为 0.797，判定系数为 0.635，调整判定系数为 0.582，拟合优度较高，不被解释的变量较少。Durbin-Watson 检验统计量用于检测模型中是否存在自相关，一般认为，Durbin-Watson 值在 1.5～2.5 即可说明无自相关现象，本书 DW 值为 1.601，表明自变量之间不存在严重的共线性关系。

表 4.26　方差分析

模型		平方和	df	均方	F	Sig.
3	回归	15.230	3	5.077	12.155	0.000[a]
	残差	8.770	21	0.418		
	总计	24.000	24			

a. 因变量为恢复度评价值。

从表 4.26 可以看出，回归方程满足 F 检验，且 Sig 值为 0.000＜0.05，说明模型中三个特征因子与恢复度之间有显著的相关性，可以建立线性模型。

表 4.27　模型回归系数

模型		非标准化系数		标准化系数	T	Sig.
		B	标准误差	β		
1	（常数）	-2.873×10^{-17}	0.175		0.000	1.000
	绿视率	0.515	0.179	0.515	2.879	0.008
2	（常数）	-1.145×10^{-16}	0.139		0.000	1.000
	绿视率	0.665	0.147	0.665	4.525	0.000
	水体面积	0.562	0.147	0.562	3.825	0.001
3	（常数）	-2.910×10^{-16}	0.129		0.000	1.000
	绿视率	0.618	0.139	0.618	4.457	0.000
	水体面积	0.398	0.158	0.398	2.521	0.020
	植物种类	0.318	0.152	0.318	2.091	0.049

注：因变量为恢复度评价值。

从表 4.27 可以看出，标准化系数的取值为–1～1，它的绝对值越大，表示预测变量对因变量的影响越大，其解释因变量的变异量也越大。Sig 值分别为 0.000、0.020、0.049，在 $P = 0.05$ 的水平显著，线性关系较显著。根据表 4.26 和表 4.27 的分析，多元线性回归模型通过了整体的方差 F 检验和单个回归系数 t 检验，说明模型为显著。因此，从回归系数表可以得出非标准化的回归方程如下：恢复度 $= -2.910 \times 10^{-16} + 0.618 \times$ 绿视率 $+ 0.398 \times$ 水体面积 $+ 0.318 \times$ 植物种类。

然而，由于非标准化回归方程包含常数项，无法比较预测变量的相对重要性，因而通常会按标准系数将原始回归方程转化为标准化回归方程，即社区公园环境恢复度的预测模型为

$$恢复度 = 0.618 \times 绿视率 + 0.398 \times 水体面积 + 0.318 \times 植物种类$$

表示在社区公园环境中，每增加 1 单位绿视率，恢复度会上升 0.618 个单位；每增加 1 单位水体面积，恢复度会上升 0.398 单位；每增加 1 单位植物种类，恢复度会上升 0.318 单位。该模型可用于社区公园环境恢复度的评价和比较。

由图 4.21 可以看出，标准化残差值的频率分布与正态分布曲线基本吻合，说明样本观测值大致符合正态性分布的假设；同样，图 4.22 中，标准化残差值的累积可行性概率点较为均匀地分布于 45°的直线两侧附近，说明观测值很接近正态分布的假设。综合两图，可以认为残差分布服从正态分布。由图 4.23 可知，不论恢复度预测值如何变化，标准化残差的波动范围基本保持稳定，说明残差符合正态分布并且方差齐性。

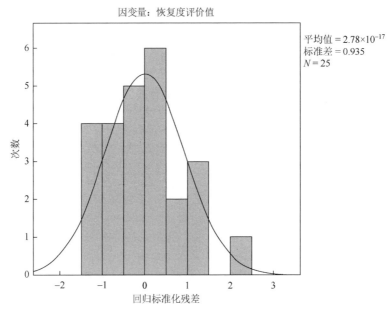

图 4.21　标准化残差直方图

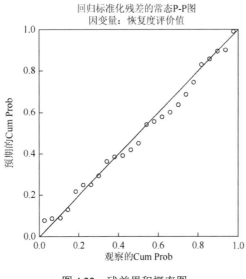

图 4.22　残差累积概率图

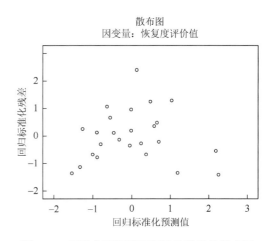

图 4.23　标准化预测值和标准化残差的散点图

4.4　社区公园满足恢复性需求的环境特征

由前面恢复性环境特征因子分析和定量化评价，可以总结出满足恢复性需求的环境特征主要为自然性特征、距离感特征、魅力性特征和私密性特征（图 4.24）。下面对这几个主要特征进行解析。

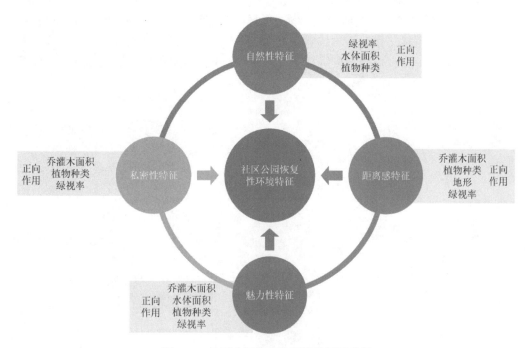

图 4.24　社区公园恢复性环境特征示意图

4.4.1　社区公园环境自然性特征

社区公园环境的自然性特征是满足居民恢复需求最主要的特征。研究表明，自然景观（如花草、乔木、灌木和水体等）的色彩、种类和数量在公园恢复度的评价中具有非常高的价值，相应地，非自然景观（如硬质铺装、活动场地）面积过大则与恢复度呈负相关关系，可以说，自然性特征起恢复效应的主要作用。

从前面建立的公园环境恢复度的预测方程中可以看出，通过多元线性逐步回归分析，保留下最主要的三个特征因子，影响力从大到小依次为绿视率、水体面积和植物种类。这三个特征因子都归属于自然性因子，绿视率是公园绿化"量"的体现，水体是与人类情感联系十分紧密的自然要素，植物种类会增加自然要素的丰富度和景观层次。绿视率和水体面积主要体现了自然因子在环境中所占的面积，植物种类主要体现了自然因子自身的特点。

1. 绿视率

　　绿视率指的是居民视线范围内绿色植物所占的比例，研究认为当绿视率为 25%时视觉最舒适。近年来，绿视率对城市居民身心健康所具有的重要意义已陆续被实验心理学、环境心理学和人类工程等证实、采纳与发展，并在景观规划设计中得到应用。绿视率是人对环境感知的一个动态衡量因素，可以客观地反映公园环境的视觉生态质量。对于社区公园环境来说，满足恢复性需求的绿视率也应该具备一个理论参考值。

　　在前面的调研中，可以发现绿视率对公园环境的恢复度具有极其重要的影响。图 4.25 中，25 个绿视率网格化图片样本按照恢复度由高到低进行排列（绿视率由左至右，由上至下减小），可以非常直观地看到绿视率总的变化趋势是越来越小。恢复度越高，绿视率越大；恢复度越低，绿视率越小。

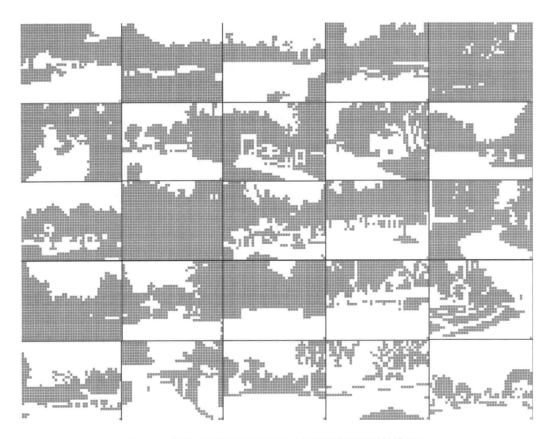

图 4.25　绿视率网格化图片汇总（按恢复度从高到低排列）

　　为了更清楚地找到绿视率与恢复度之间的变化规律，将绿视率与恢复度的标准值进行比较。图 4.26 按恢复度从高到低排列，可以看出，绿视率与恢复度从照片样本 12 开始保持大体一致的变化趋势，即绿视率标准化值为负时，恢复度标准化值也为负，而在样本 12 之前的样本中，绿视率与恢复度的变化不一致。从表 4.28 可以看出，样本 12 及其之后的绿视率分别为 36.4%、44.3%、32.5%、36.7%、33.8%、25.8%、20.5%，绿视率都在 45% 以下。图 4.27 按绿视率从高到低排列，可以看出，从样本 24 开始（除样本 19、样本 9、样本 10 以外），绿视率标准值为负值时，恢复度标准值也为负，二者保持大体一致的变化趋势。而样本 19、样本 9、样本 10 例外，绿视率与恢复度显现出相反的趋势，原因主要为这三个样本都含有水体，而水体面积对恢复度的贡献仅次于绿视率，水体面积和绿视率都体现了自然因子在环境中所占的面积。

　　综合图 4.26 和图 4.27 的分析，尽管恢复度与绿视率呈正相关关系，但是不同的区间呈现出不同的变化特征。当绿视率低于 45% 时，恢复度的评价值较低，绿视率越小，恢复度越低；当绿视率高于 45% 时，恢复度的评价值较高，但是恢复度与绿视率的变化呈现不规律性，恢复度评价值受到其他因素的影响更大。基于此可以得出结论，在公园环境中，当没有水体时，绿视率应达到 45% 以上，能够较好地满足居民的恢复性需求。

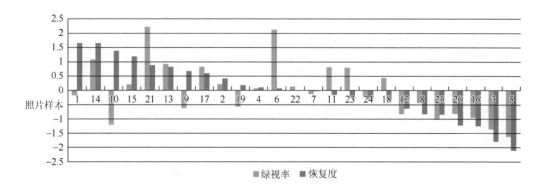

图 4.26　绿视率与恢复度标准值比较（按恢复度从高到低排列）

表 4.28　照片样本绿视率汇总（按恢复度从高到低排列）

照片样本	1	14	10	15	21	13	9	17	2	19	4	6	22
绿视率/%	49.3	74.1	28.9	56.7	96.8	71	40.5	69.3	56.9	41.6	54	95	55.4
照片样本	7	11	23	24	18	12	8	25	20	16	3	5	
绿视率/%	50.4	68.8	68.5	47.8	61.5	36.4	44.3	32.5	36.7	33.8	25.8	20.5	

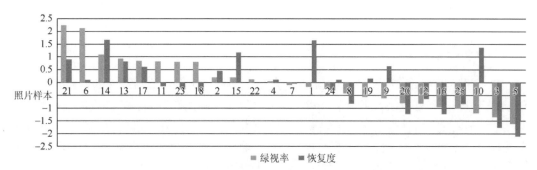

图 4.27　绿视率与恢复度标准值比较（按绿视率从高到低排列）

2. 水体面积

含有水体的自然景观对人的心理与生理的反应产生的恢复性效应显著，研究表明，居民在观赏水景时，其产生的景观偏好与恢复性效应呈现正相关。前面调研中，25 张照片样本中有五个样本含有水体，从表 4.29 可以看出，这五个含有水体的样本在所有样本的恢复度排名中，都在前 10 名，且排名前三的样本都含有水体，尽管水体面积有大有小，但对恢复度的影响是明显且正向的。

表 4.29　含水体的照片样本恢复度排名

照片样本	1	14	10	9	19
水体面积	2.4%	4.8%	40.4%	24.2%	1.3%
恢复度排名	1	2	3	7	10

照片样本 10（图 4.28）的绿视率仅为 28.9%，在所有样本中排 23 名，但是由于其高达 40.4% 的水体面积，使整体的自然因子所占面积较大，因此具有非常高的恢复度评值。照片样本 1（图 4.29）的水体面积仅为 2.4%，但是从照片中可以清楚地感受到公园环境以水体为主体布局，居民可以亲密地接触水体，具有开阔的视野观赏水体，因此结合该样本较高的绿视率以及其他相关因素，样本 1 的恢复度评值在所有样本中排名第一。

图 4.28　照片样本 10

图 4.29　照片样本 1

3. 植物种类

在公园环境中所占面积最大的自然环境要素一般是植物，植物最大的特点是具有生命、能够生长、富有变化。随着季节和生长的变化在不停地改变其色彩、质地、叶丛疏密以及全部的特征，而种类丰富的植物会将这种变化增大，这种变化极大地丰富了自然环境所具有的生命力特性。人群在日常生活中接触植物种类多样的环境，越有机会恢复心理疲劳以及提升注意力，对人群恢复性效应具有正面影响。

4.4.2　社区公园环境距离感特征

社区公园环境的距离感特征是满足居民恢复性需求的主要特征,是反映公园恢复性心理环境特征的评价指标。距离感指的是使人感觉远离日常生活,避开责任与义务,让人减少使用直接注意力而达到休息与恢复。当居民精神压力以及疲惫等负面情绪达到一定程度,开始寻求恢复时,会有一种摆脱现在生活到很远的外地旅行或者需要一些不同于日常的改变,这些需求就是对环境距离感的要求。当居民被具有距离感特征的公园吸引时,会通过体力活动、享受自然、社会活动等一系列活动与公园环境发生互动,达到一种解放和摆脱现实生活的感觉。在满足恢复性需求的公园环境中,能够远离生活中的烦恼,不需要完全集中注意力并让人从繁忙的工作中得到放松。

公园的物质环境特征直接影响了居民对距离感的评价,通过前面对公园恢复性环境特征因子的定量化研究,以及多元线性逐步回归分析,确定了与距离感相关的物理环境特征因子。其中起到正向作用的因子是乔灌木面积、植物种类、地形、绿视率;起到负向作用的因子是硬质铺装面积、周边元素面积、活动场地面积。

根据实证研究结果,对公园恢复性环境距离感特征影响最大的因子是周边元素面积,这种影响是负向的。周边元素指的是在公园内部看到公园外部的建筑物、标识、交通设施等物理元素,这些周边元素面积越大,距离感的评价越低,因为周边元素的介入减少了居民在公园中的远离感,与日常生活的事物依然紧密联系,缺乏了世外桃源的情境。

对公园恢复性环境距离感特征影响第二的因子是植物种类以及绿视率,这两种因子的影响都是正向的。植物种类越丰富、绿视率越高,距离感的评价也越高。丰富的植物种类具有更好的观赏性,能极大地吸引居民的注意力,产生远离感;而绿视率越高,说明绿色植物越多,相应的人工元素(如硬质铺地、周边元素等)越少,观赏生机盎然的绿色植物也具有远离感,产生缓解压力、恢复身心的作用。同时,丰富的植物栽植以及大面积的绿化,形成一座屏障,能够过滤掉来自周边城市生活中的噪声与情景,自成天地。

照片样本 1 的距离感评价最高(图 4.29),照片样本 5 的距离感评价最低(图 4.30),通过对比可以清楚地感受到这种距离感特征的差异。样本 5 中大面积的硬质铺装和周边居住建筑,使居民对城市生活的感受依然清晰,很难引发距离感的心理感受。而样本 1 虽然也身处城市之中,但是丰富的植物种类和大面积的绿化率,发挥了距离感的特质,带来了更高的恢复性效应。

4.4.3　社区公园环境魅力性特征

社区公园环境的魅力性特征是满足居民恢复性需求的主要特征,是反映公园恢复性心理环境特征的评价指标。恢复性体验必须是有魅力的,能够自然而然地引人入胜,甚至直接吸引居民的注意力,魅力性的环境也直接关乎景观的审美性。具有魅力性的公园环境,让居民觉得这个地方很迷人,并且不会无聊,在吸引居民注意力的同时达到放松身心、消除疲劳的恢复效应。同时,具有魅力性的公园环境也能极大地促进居民参与到公园的行为活动中，与公园环境产生互动，从而达到健康恢复性效应。

公园的物质环境特征直接影响了居民对魅力性的评价，通过前面对公园恢复性环境特征因子的定量化研究，以及多元线性逐步回归分析，确定了与魅力性相关的物理环境特征因子。其中起正向作用的因子是绿视率、水体面积、植物种类、乔灌木面积；起负向作用的因子是硬质铺装面积、活动场地面积。

根据实证研究结果，对公园恢复性环境魅力性特征影响最大的因子是绿视率，这种影响是正向的。绿视率主要反映了绿色植物的比例，在一定程度上反映出公园环境中以绿色植物为主体的自然环境的比例。绿视率越大，魅力性的评价越高。影响第二大的是水体面积，这种影响也是正向的，水体也是十分重要的自然环境要素，具有生命的活力。静态水可以营造出安静的空间氛围，同时能够增加空间层次感，扩大空间感受，使空间在视觉上相互融合；动态水景能充分体现出水的活力和生命力，同时带来视觉和听觉的双重感受，潺潺流水声也能有效缓解周边噪声，若结合小品布置，可作为视觉焦点以增加空间的感染力。如在调研中发现包含水体的照片样本，其魅力性评价都比较高，当图上出现可被观察者感知到的水体时，无论面积大小，都十分吸引观察者的注意，极大地提升照片的魅力性评价，如照片样本 10 的魅力性评价最高（图 4.28），样本 10 的水体占据了整个环境很大的比例，尽管绿视率较低，但是大面积水体的存在，极大地增强了该样本的魅力性。

产生较大影响的正向因子还有植物种类和乔灌木面积，这两个因子和前面提到的绿视率和水体面积一样都反映了自然环境的构成。自然环境本身即具有相当大的魅力，它本身便能够引人入胜。自然环境的构成元素常常能让人不自觉地保持注意力，而当居民将注意力投射在自然环境上时，便能够忘记一些日常生活的压力，舒缓心理疲劳，达到恢复性效应。

4.4.4　社区公园环境私密性特征

社区公园环境的私密性特征是满足居民恢复性需求的主要特征，是反映公园恢复性心理环境特征的评价指标。私密性与领域性有着非常密切的关系，它是居民对界限的控制过程。具有私密性的公园环境，让居民觉得这个地方能够按照自己的意愿进行支配，能够独自充分表达自己的情感，放松自己的情绪，同时能够隔绝外界的干扰，可以很容易地投入做自己想做的事情而不被打扰。私密性特征对于居民的恢复性感受十分重要。

公园的物质环境特征直接影响了居民对私密性的评价，通过前面对公园恢复性环境特征因子的定量化研究，通过多元线性逐步回归分析，确定了与私密性相关的物理环境特征因子。其中起正向作用的因子是乔灌木面积、植物种类、绿视率；起负向作用的因子是硬质铺装面积、活动场地面积、娱乐健身设施面积。

根据实证研究结果，对公园恢复性环境私密性特征影响最大的因子是乔灌木面积，这种影响是正向的，乔灌木面积越大，私密性评价越高。乔灌木相较于低矮的草坪和地被植物，从形态上看比较高，乔灌木面积越大，一般乔灌木所形成的植物屏障也较多，往往会产生幽深的感受。同时，通过乔灌木的围合、遮挡，也有利于创造出私密和半私密的空间，促进居民保持领域控制感的空间和居民不受外界打扰的交流。

影响第二的是活动场地面积，这种影响是负向的，说明活动场地面积越大，私密性评价越低。活动场地面积越大，往往人群活动最为广泛和集中，同时也是以开敞空间为主，很难形成私密性的空间。居民在这种环境下的行为活动会受到周边活动的干扰，私密性感受较差。如照片样本 12（图 4.31），活动场地和活动设施占据了整个环境的主体，休息设施围绕在活动场地旁边，人群很难不受干扰地做自己的事情，因此在所有照片样本中私密性的评价最低。

图 4.30　照片样本 5

图 4.31　照片样本 12

4.5　本章小结

本章以社区公园恢复性环境要素为出发点，通过访谈、调研和分析居民对公园环境恢复性效应的满意度评价，提取出社区公园恢复性环境的特征因子，主要是自然性因子、感知性因子、休息性因子和活动性因子。在此基础上进一步深化，对社区公园恢复性物理环境特征因子进行定量化评价，确定物理环境特征因子和心理环境特征因子以及恢复性效应之间的相关关系。研究表明，满足恢复性需求的公园环境特征包括自然性特征、距离感特征、魅力性特征以及私密性特征。通过评价研究对公园恢复性环境特征因子进行定量化分析，确定了与恢复性相关的物理环境特征因子及其影响。同时建立了社区公园环境恢复度的预测模型：恢复度 = 0.618×绿视率 + 0.398×水体面积 + 0.318×植物种类。该模型可用于社区公园环境恢复度的评价和比较。本章所得出的社区公园恢复性环境的特征因子和量化指标，揭示了社区公园恢复性环境要素的空间特征，对影响机制的运行方式产生重要影响，同时将作为研究基础支持第 5 章社区公园恢复性环境影响机制及影响路径的研究。

第5章　社区公园恢复性环境影响机制的实证检验

社区公园恢复性环境影响路径是影响机制的活动构成，其实质是社区公园恢复性环境影响因素在居民恢复性效应产生过程中的交互作用，影响机制系统的运作依赖于影响因素间的交互作用。基于前面对社区公园中居民行为模式和社区公园恢复性环境特征进行实证分析的基础上，本章揭示社区公园恢复性环境的影响机制。主要逻辑思路：首先，建立研究的概念框架并提出研究假设；其次，以重庆市主城区若干已建成的社区公园为样本，基于前述影响机制构成拟选解释变量；再次，根据结构方程模型路径分析及中介作用检验社区公园环境产生恢复性效应的关键影响因素及其影响效应；最后，基于影响机制、关键影响因素和主要行为模式构成社区公园产生恢复性效应的解释框架，并应用其阐释重庆市主城区社区公园对居民产生恢复性效应的影响路径。社区公园恢复性环境影响机制及路径分析框架如图5.1所示。

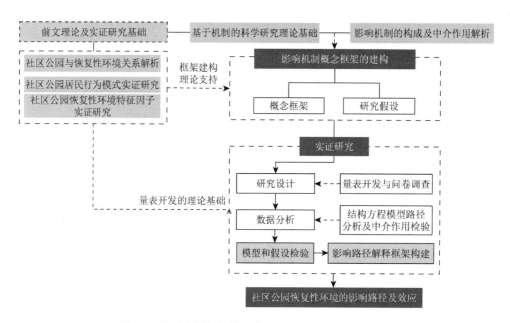

图 5.1　社区公园恢复性环境影响机制及路径分析框架

5.1　概念框架与研究假设

基于前面的理论模型建构研究的概念框架，并提出研究假设。然后，在此基础上证实或证伪假设，对因子予以取舍或调整，进而形成各因子相互作用的影响路径关系。

5.1.1　概念框架的建构

　　框架的建构需要对社区公园恢复性环境影响居民健康恢复的原因和作用机制进行理论探索。前面已论述环境心理学认为人的行为和环境相互影响相互作用[159]，同时，人的行为会受到个体内在环境因素（如个体的动机、信念等）和个体外在环境因素（如政策、文化等）的影响[161]。在建构概念框架时，对于影响机制的溯因，应上升到人与环境互动的动态过程，将个体内外因素贯穿于溯因全过程。同时，为了更好地说明诸多影响因素的相互关系和影响路径，框架采用心理学以及其他社会科学领域常用的变量关系来解释因果关系，并通过中介变量来解释自变量与因变量关系的作用机制，同时整合已有变量之间的关系。

　　本书在借鉴已有理论研究或范式的基础上，进行了更具竞争力的框架建构。框架以3.4 节建立的社区公园恢复性环境影响机制的理论模型为基础，以社区公园恢复性环境对居民恢复性效应的影响路径为构架，涵盖了所涉及的主要影响因素，箭头方向示意社区公园恢复性环境对居民恢复性效应的路径（图 5.2）。

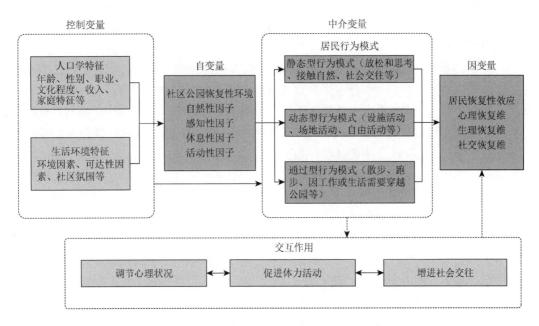

图 5.2　社区公园恢复性环境影响机制概念框架

　　该框架包括社区公园恢复性环境对居民恢复性效应的影响因素和构成维度，从居民行为模式的视角系统探讨社区公园环境对居民恢复效应的影响机制与影响路径。该框架遵循的逻辑思路：社区公园恢复性环境特征引发访问公园的居民产生不同的行为模式，从而对居民健康的不同维度产生恢复效应。因此，该框架从整体上反映了社区公园恢复性环境特征和居民行为模式对居民恢复性效应的依次影响关系。

5.1.2　概念框架的变量关系

（1）自变量（independent variable）：社区公园恢复性环境。自变量即原因变量，在研究设计中能引起因变量变化的条件或因素，根据本书的核心问题，社区公园恢复性环境为自变量。社区公园环境的构成因子是非常繁杂和多样的，尽管每个因子对居民在公园中的行为都有着不同程度的影响，但是这种影响是不同的，因此，通过居民行为所产生的恢复效应也是不同的。第 4 章通过因子分析的主成分分析法对重庆主城区的四个社区公园进行了调查分析，提取出具有恢复性效应的环境特征因子分别是自然性因子、感知性因子、休息性因子和活动性因子。因此这些因子是我们重点讨论的对象。

（2）因变量（dependent variable）：居民恢复性效应。因变量即结果变量，因自变量的影响而发生变化。本书的因变量为居民恢复性效应，是居民在与社区公园恢复性环境互动过程中产生的缓解精神压力、消除不良情绪、减少心理疲劳并恢复注意力、促进身心健康的效应，是影响机制系统运行的结果，根据前面的分析，包括心理恢复维、生理恢复维、社交恢复维。这三个恢复维度作为因变量不会和特定的变量进行一一对应，而是作为一个整体进行研究。因为这三个维度相互作用、相互影响构成一个整体。例如，研究表明，在公园内阅读一本书，可以缓解精神压力，有益于心理恢复，同时也可以降低血压，有益于生理恢复[41]。

（3）中介变量（medium variable）：居民行为模式。前面已对公园中居民行为模式产生的中介作用进行了解析，中介变量是自变量对因变量发生影响的中介，是产生影响的实质性、内在的原因。这意味着中介变量提供了影响因素起作用的原因和作用机制，即社区公园恢复性环境通过什么路径（机制）对人群健康进行影响。第 3 章对社区公园恢复性行为要素进行分析，将社区公园恢复性行为要素提炼为居民行为模式并进行合理分类，归纳为静态型行为模式、动态型行为模式和通过型行为模式，作为研究的中介变量来分析社区公园恢复性环境对居民恢复性效应的影响路径。

（4）控制变量（control variable）：人口学特征和生活环境特征。控制变量是除自变量以外能使因变量发生变化但被控制了的条件和因素，以达到在控制的条件下观察自变量与因变量关系的目的。社区公园环境与居民恢复性效应之间联系的研究结果参差不齐，除去研究方法的限制，还由于一些影响关系变化的变量（如人口学特征、生活环境特征）研究不充分[172]。本书控制变量为人口学特征（包含年龄、性别、职业、文化程度、收入、家庭特征等）和生活环境特征（包含环境因素、可达性因素、社区氛围等）。

5.1.3　研究假设的提出

以前面构建的概念框架以及 3.3 节社区公园居民恢复性效应的实现路径的研究结果为依据，将第 3 章理论模型提出的四个研究假设发展为如下四组假设（图 5.3）。

1）H1：社区公园恢复性环境对居民恢复性效应具有显著的正向影响

H1a：自然性因子对居民恢复性效应具有显著的正向影响。

H1b：感知性因子对居民恢复性效应具有显著的正向影响。

H1c：休息性因子对居民恢复性效应具有显著的正向影响。

H1d：活动性因子对居民恢复性效应具有显著的正向影响。

2）H2：社区公园恢复性环境对居民行为模式具有显著的正向影响

H2a：社区公园恢复性环境对静态型行为模式具有显著的正向影响。

——H2a1：自然性因子对静态型行为模式具有显著的正向影响。

——H2a2：感知性因子对静态型行为模式具有显著的正向影响。

——H2a3：休息性因子对静态型行为模式具有显著的正向影响。

H2b：社区公园恢复性环境对动态型行为模式具有显著的正向影响。

——H2b1：自然性因子对动态型行为模式具有显著的正向影响。

——H2b2：感知性因子对动态型行为模式具有显著的正向影响。

——H2b3：活动性因子对动态型行为模式具有显著的正向影响。

H2c：社区公园恢复性环境对通过型行为模式具有显著的正向影响。

——H2c1：自然性因子对通过型行为模式具有显著的正向影响。

——H2c2：感知性因子对通过型行为模式具有显著的正向影响。

——H2c3：休息性因子对通过型行为模式具有显著的正向影响。

3）H3：居民行为模式与居民恢复性效应具有显著的正向影响

H3a：静态型行为模式对居民恢复性效应具有显著的正向影响。

H3b：动态型行为模式对居民恢复性效应具有显著的正向影响。

H3c：通过型行为模式对居民恢复性效应具有显著的正向影响。

4）H4：居民行为模式在社区公园恢复性环境作用于居民恢复性效应时具有显著的中介作用

H4a：静态型行为模式在社区公园恢复性环境作用于居民恢复性效应时具有显著的中介作用。

——H4a1：静态型行为模式在自然性因子作用于居民恢复性效应时具有显著的中介作用。

——H4a2：静态型行为模式在感知性因子作用于居民恢复性效应时具有显著的中介作用。

——H4a3：静态型行为模式在休息性因子作用于居民恢复性效应时具有显著的中介作用。

H4b：动态型行为模式在社区公园恢复性环境作用于居民恢复性效应时具有显著的中介作用。

——H4b1：动态型行为模式在自然性因子作用于居民恢复性效应时具有显著的中介作用。

——H4b2：动态型行为模式在感知性因子作用于居民恢复性效应时具有显著的中介作用。

——H4b3：动态型行为模式在活动性因子作用于居民恢复性效应时具有显著的中介作用。

H4c：通过型行为模式在社区公园恢复性环境作用于居民恢复性效应时具有显著的中介作用。

——H4c1：通过型行为模式在自然性因子作用于居民恢复性效应时具有显著的中介作用。

——H4c2：通过型行为模式在感知性因子作用于居民恢复性效应时具有显著的中介作用。

——H4c3：通过型行为模式在休息性因子作用于居民恢复性效应时具有显著的中介作用。

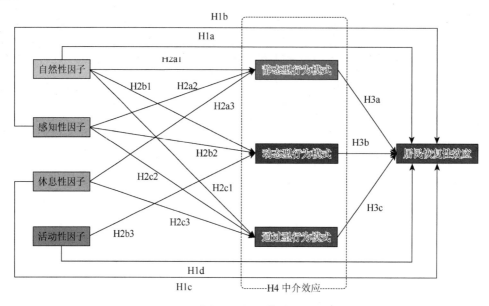

图 5.3　假设模型

5.1.4　研究分析方法

为了验证前面提出的概念模型，探讨社区公园恢复性环境与居民恢复性效应的相关关系，本书采用结构方程模型（structural equation model）进行多重中介分析。在心理、行为和其他一些社科研究领域，研究情境复杂，经常需要多个中介变量才能更清晰地解释自变量对因变量的效应[173]。近年来，越来越多的中介研究采用多重中介（multiple mediation）模型。不过，多数研究是将一个多重中介模型拆解为多个简单中介（即只含一个中介变量）模型，相继进行多个简单中介分析。本书选择建立结构方程模型进行多重中介分析，可以同时处理潜变量和观测变量分析多个变量间的复杂关系[116]。根据观测变量数据，采用结构方程模型对社区公园环境特征的恢复性效应影响因素及路径系数进行量化分析，对前面提出的假设关系进行检验。

检验中介效应最流行的方法是 Baron 和 Kenny 的逐步法，但近年来不断受到批评和质疑，改用目前普遍认为比较好的 Bootstrap 法直接检验系数乘积。温忠麟和叶宝娟对相关的议题进行了辨析[162]，并讨论了中介分析中建立因果关系的方法，综合新近的研究成果，总结出一个中介效应分析流程，本书将参考他们总结的分析流程，进行中介效应的检验。

具体的流程步骤如下（图 5.4）。

第一步，检验方程（1）的系数 c，如果显著，按中介效应立论，否则按遮掩效应立论。但无论是否显著，都进行后续检验。

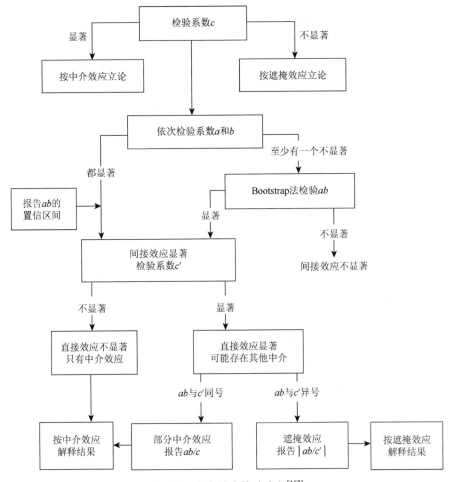

图 5.4　中介效应检验流程[162]

第二步，依次检验方程（2）的系数 a 和方程（3）的系数 b，如果两个都显著，则间接效应显著，转到第四步；如果至少有一个不显著，进行第三步。

第三步，用 Bootstrap 法直接检验 H0：$ab = 0$。如果显著，则间接效应显著，进行第四步；否则间接效应不显著，停止分析。

第四步，检验方程（3）的系数 c'，如果不显著，即直接效应不显著，说明只有中介效应。如果显著，即直接效应显著，进行第五步。

第五步，比较 ab 和 c' 的符号，如果同号，属于部分中介效应，报告中介效应占总效应的比例 ab/c。如果异号，属于遮掩效应，报告间接效应与直接效应的比例的绝对值 $|ab/c'|$。

5.2　数据收集与分析

5.2.1　调查问卷与量表设计

1. 研究量表开发的步骤与原则

为了对研究假设进行实证检验,需要设计一套能反映模型中不同潜在变量的测度题项。问卷调查中量表的开发是进行科学有效调查的基础,测量指标设计科学与否,在很大程度上决定了统计分析结果的可靠性和有效性。量表的开发往往通过文献检索和梳理借鉴前人研究成果来构建理论模型,并进行小范围预调研来修正问卷,最后形成正式的调查问卷量表。由于针对公园环境对人群健康恢复的影响进行考察的成熟量表不多,在借鉴有限的成熟量表的基础上,需要对量表进行修正和改进。测量变量的测项数量参考学界广泛认可的:2 个指标尚可,3 个指标更好,4 个指标最好[174]。本书开发的量表中每个测量变量的测量指标为 3~6 项。

2. 变量的测量指标

为了得到具有较好信度和效度的测量量表,本书对有关社区公园恢复性环境特征、居民行为模式和恢复性效应的研究文献进行了系统检索与整理,并基于第 4 章的实证研究结论对研究变量的测度题项进行了选择。在进行变量度量时,都是通过定性的、主观判断来衡量。采用利克特(Likert)5 级量表评价法进行评定,请被调查者根据自己的真实想法对相关描述进行打分,1 表示非常不同意、2 表示比较不同意、3 表示不确定、4 表示比较同意、5 表示非常同意。

1)自变量的测量

关于自变量社区公园恢复性环境的测量,本书以第 4 章因子分析结果,将其界定为自然性因子、感知性因子、休息性因子、活动性因子这四个维度,相关测量指标如表 5.1 所示。

表 5.1　社区公园恢复性环境各维度的测量量表

测量变量	测量指标
F1 自然性因子	A1 植物种类丰富
	A2 植物色彩丰富
	A3 乔灌木数量多
	A4 草坪覆盖面积多
	A5 水景优美观赏性强
	A6 地形起伏有高差变化
F2 感知性因子	A7 空间私密性强
	A8 空间氛围安静
	A9 景观丰富有吸引力
	A10 空间有安全感
	A11 环境卫生好
	A12 周边环境隐蔽

续表

测量变量	测量指标
F3 休息性因子	A13 休息设施数量充足
	A14 休息设施舒适性好
	A15 休息设施的朝向景观性好
F4 活动性因子	A16 活动场地数量充足
	A17 娱乐健身设施种类丰富
	A18 娱乐健身设施数量充足

2）中介变量的测量

关于中介变量居民行为模式的测量,本书以第 3 章社区公园恢复性行为要素的研究结果为依据,将其界定为静态型行为模式、动态型行为模式和通过型行为模式三个维度,相关测量指标如表 5.2 所示。

表 5.2 居民行为模式各维度的测量量表

测量变量	测量指标
F5 静态型行为模式	B1 放松和思考（如静坐、看书、冥想、用餐、呼吸清新空气等）
	B2 接触自然（如欣赏自然美景、观赏动植物、听鸟鸣和水声等）
	B3 社会交往（如聊天、聚会、打牌、喝茶等）
F6 动态型行为模式	B4 设施活动（如依托娱乐设施、健身设施的活动）
	B5 场地活动（如球类运动、舞蹈武术等健身活动）
	B6 自由活动（如嬉戏玩耍、拍照、带小孩等活动）
F7 通过型行为模式	B7 散步
	B8 跑步
	B9 骑自行车
	B10 因工作或生活需要而穿越公园

3）因变量的度量

关于因变量居民恢复性效应的测量,本书以恢复性环境概念以及已有量表为依据,对测量指标进行确定。在已有相关健康恢复效应的测量量表中,主要参考欧洲生命质量量表（European Quality of Life-5 Dimensions,EQ-5D）,是由欧洲生命质量组织（European Quality Group）于 1990 年发布的一个标准化的生命质量测量工具,遵循了简便的原则,总共设置了五个条目,在国际上获得了较为广泛的应用。按五个维度定义健康[175]：行动能力（mobility）、自我照顾能力（self-care）、日常活动能力（usual activities）、疼痛/不舒适（pain/discomfort）和焦虑/沮丧（anxiety/depression）。

结合前面对居民恢复性效应归纳的三类结果：心理恢复维、生理恢复维和社交恢复维。对相关测量指标总结如表 5.3 所示。

表 5.3　居民恢复性效应的测量量表

测量变量	测量指标
F8 居民恢复性效应	C1 身体疼痛/不舒适有所缓解
	C2 焦虑/抑郁/压力得到疏解
	C3 精力水平/活力增加
	C4 身体活动水平提升
	C5 社会交往增多/孤独感减少
	C6 睡眠质量提高

本书根据量表设计制作了预调查问卷。问卷共分四个部分,包括社区公园恢复性环境、居民行为模式、居民恢复性效应以及受访居民的背景资料等。

5.2.2　数据的收集

1. 样本量的确定

结构方程适用于进行大样本分析。相关研究学者发现,样本量越大越好。Boomsma 建议样本量要大于 100,大于 200 更好。但在适配度检验中,绝对拟合指数卡方值易受样本量影响,样本量越大,卡方值越大,则假设模型被拒绝的可能性也越大。因此在这两者中需要有所平衡[176]。舒马赫(Schumacher)和洛马克斯(Lomax)[177]研究发现,样本量过小可能使模型估计结果不稳定,样本量过大,则对卡方值产生影响,使假设模型与实际数据不契合的概率增大,大部分结构方程模型研究所用样本量为 200~500,本次调查的样本量符合要求。

2. 调研基本过程

2016 年 3 月在重庆市主城区社区公园发放问卷进行预调研,共计回收了 55 份有效问卷,并以此作为正式调研问卷修正的参考依据。2016 年 10 月进行了正式的问卷调查,通过网络问卷以及纸质问卷随机发放的方式对重庆市主城区居民进行问卷调查,共回收有效问卷 206 份,样本量满足 SEM 研究所用样本量的参考标准。

3. 预调研与量表修订

1)预调研问卷的发放和回收

本书的测量量表是在借鉴前人研究成果的基础上,综合上阶段的调查研究结果,对某些测度题项进行了调整和重新开发,测量量表的科学性和合理性还有待检验,为了确保测量量表中测度题项的合理性,保证问卷中每个问题都含义清楚、措辞准确,被调研者能够充分理解并回答,问卷中的问题能够测量本书的各个概念,问卷可行性较高,本书在正式发放问卷前先进行了预调研。2016 年 3 月在重庆市主城区社区公园发放问卷进行预调研,问卷回收后对数据进行整理,对不合格问卷进行剔除,共计回收了 55 份有效问卷,样本数满足调查标准，并以此作为正式调研问卷修正的参考依据。

2）预调研的信度检验

信度是指量表的可靠性和稳定性，在态度量表法中常用的检验信度的方法为Cronbach's α 信度系数[178]，适用于意见、态度等问卷的信度分析。本书采用 Cronbach's α 信度系数对调查数据做信度检验，Cronbach's α 信度系数是目前社会科学研究使用率最高的信度测量方法。Cronbach's α 值越高，表示测量该潜在测量变量的所有测量指标题项的可靠性越高，即信度越高。综合多位学者的看法，信度系数指标判断原则如表 5.4 所示。

表 5.4　信度系数取值标准

α 信度系数值	分量表解释	总量表解释
0.50 以下	不理想，舍弃不用	非常不理想，舍弃不用
0.50~0.60	可以接受，增列题项或修改语句	不理想，重新编制或修订
0.60~0.70	尚佳	勉强接受，最好增列题项或修改语句
0.70~0.80	佳（信度高）	可以接受
0.80~0.90	理想（甚佳，信度很好）	佳（信度高）
0.90 以上	非常理想（信度非常好）	非常理想（甚佳，信度很好）

将数据代入 SPSS 22.0 统计软件做信度分析，得到总量表的 Cronbach's α 信度系数为0.909，说明总量表非常理想，信度很好。分量表的 Cronbach's α 信度系数结果如表 5.5 所示。

表 5.5　实证数据信度检验

测量变量	测量指标	Cronbach's α 信度系数
自然性因子	A1~A6	0.702
感知性因子	A7~A12	0.643
休息性因子	A13~A15	0.617
活动性因子	A16~A18	0.888
静态型行为模式	B1~B3	0.631
动态型行为模式	B4~B6	0.729
通过型行为模式	B7~B10	0.712
居民恢复性效应	C1~C6	0.700
总量表	全部	0.909

由信度检验结果可以看出，自然性因子、活动性因子、动态型行为模式、通过型行为模式、居民恢复性效应五个变量的量表 Cronbach's α 信度系数均在 0.7 以上，表明这些量表的信度较高。感知性因子、休息性因子、静态型行为模式三个变量的量表 Cronbach's α 信度系数均在 0.6~0.7，表明这些量表的信度处于可接受水平。

另外，通过型行为模式中 B9 骑自行车的更正后项目总数相关一列的相关性系数仅为 0.056，与其他题项的相关性较差，说明 B9 这个题项描述很差，可以考虑将其删除，删除后的 Cronbach's α 信度系数增大到 0.825，信度很好（表 5.6）。

表 5.6　关系数矩阵

	尺度平均数（如果项目已删除）	尺度变异数（如果项目已删除）	更正后项目总数相关	Cronbach's α 信度系数（如果项目已删除）
B7 散步	10.45	4.956	0.492	0.655
B8 跑步	11.05	3.386	0.715	0.489
B9 骑自行车	12.27	7.017	0.056	0.825
B10 因工作或生活需要穿越公园	11.05	3.312	0.783	0.433

基于预调研的结果，对测量量表进行修正，对有些题项进行了修改和删除，最终确定了正式调研的测量量表（表 5.7），并根据修改的结果，形成正式的调研问卷。

表 5.7　测量量表

测量变量	测量指标
F1 自然性因子	A1 植物种类丰富
	A2 植物色彩丰富
	A3 乔灌木数量多
	A4 草坪覆盖面积多
	A5 水景优美观赏性强
	A6 地形起伏有高差变化
F2 感知性因子	A7 空间私密性强
	A8 空间氛围安静
	A9 景观丰富有吸引力
	A10 空间有安全感
	A11 环境卫生好
	A12 周边环境隐蔽
F3 休息性因子	A13 休息设施数量充足
	A14 休息设施舒适性好
	A15 休息设施的朝向景观性好
F4 活动性因子	A16 活动场地数量充足
	A17 娱乐健身设施种类丰富
	A18 娱乐健身设施数量充足
F5 静态型行为模式	B1 放松和思考（如静坐、看书、冥想、用餐、呼吸清新空气等）
	B2 接触自然（如欣赏自然美景、观赏动植物、听鸟鸣和水声等）
	B3 社会交往（如聊天、聚会、打牌、喝茶等）

续表

测量变量	测量指标
F6 动态型行为模式	B4 设施活动（如依托娱乐设施、健身设施的活动）
	B5 场地活动（如球类运动、舞蹈武术等健身活动）
	B6 自由活动（如嬉戏玩耍、拍照、带小孩等活动）
F7 通过型行为模式	B7 散步
	B8 跑步
	B9 因工作或生活需要而穿越公园
F8 居民恢复性效应	C1 身体疼痛/不舒适有所缓解
	C2 焦虑/抑郁/压力得到疏解
	C3 精力水平/活力增加
	C4 身体活动水平提升
	C5 社会交往增多/孤独感减少
	C6 睡眠质量提高

4. 正式调研的基本过程

2016 年 10 月进行了正式的问卷调查，正式调研问卷收集时间约十天。通过网络问卷以及纸质问卷随机发放的方式对重庆市主城区居民进行问卷调查。网络问卷发放主要通过亲戚、同学、朋友的关系对问卷的网络链接进行扩散。本次调研共回收问卷 248 份，其中有效问卷 206 份。问卷无效的原因主要是问卷信息填写不完整或是填写问卷的受访者不是重庆主城区居民。样本详细构成见表 5.8，统计结果显示，受访者年龄层次分布较合理，男女比例较平均，社会经济背景覆盖面广，整体样本结构合理，具有较好的代表性。

表 5.8　调查样本构成

项目	类别	样本数	比例/%	项目	类别	样本数	比例/%
性别	男	98	48	年龄	18 岁以下	12	5.8
	女	108	52		18~30 岁	54	26.2
文化程度	初中及以下	23	11.2		31~45 岁	67	32.5
	高中或中专	51	24.8		46~60 岁	43	20.9
	大专或本科	87	42.2		60 岁以上	30	14.6
	研究生	45	21.8	平均月收入	无	53	25.7
职业	学生	58	28.2		1000 元以内	28	13.6
	上班	93	45.1		1000~3000 元	24	11.7
	退休	43	20.9		3000~5000 元	67	32.5
	其他	12	5.8		5000 元以上	34	16.5

在问卷的录入方面，为了确保在录入过程中的准确性，首先，录入数据。然后，由两位人员对录入问卷进行检查和抽查，从而确保数据录入的准确性。最后，在问卷录入以后，

为了验证问卷问题的有效性，按照吴明隆[179]的建议，对问卷的效度进行了分析，检验结果表明，问卷中的所有问题都是有区分度的。

5.2.3　数据信度和效度分析

将调查数据代入 SPSS 22.0 和 AMOS 21.0 统计软件做信度和效度分析。得到总量表的 Cronbach's α 信度系数为 0.929（表 5.9），各分量表的 Cronbach's α 信度系数均在 0.8 以上（表 5.10），表明各潜变量的观测变量设计较好，调查问卷具有较高的信度；对数据进行 Bartlett 球形检验和 KMO 值分析，结果显示 P 值为 0.000（$P<0.001$），通过了 Bartlett 球形检验，而 KMO 值为 0.922，大于 0.70，因此样本数据适合进行因子分析（表 5.9）。全部观测变量在相应的潜变量上的因子载荷都达到了大于 0.5 的标准，表明潜变量和观测变量之间的从属关系在统计学上是显著的；同时，项目总体相关分析中 CITC 的系数都高于 0.4，所有测量变量的 AVE 值均大于 0.5，说明各测量变量具有较高的收敛效度（表 5.10）；利用因子间的相关矩阵进行分析，所有观测变量的 AVE 的平方根都大于该变量与其他变量之间的相关系数，表明了各维度具有较高的区分效度（表 5.11）。

表 5.9　样本数据的可靠性统计量与效度检验

可靠性统计量			KMO 和 Bartlett 球形检验			
Cronbach's α	基于标准化项 Cronbach's α	项目个数	取样足够多的 Kaiser-Meryer-Olkin 度量	近似卡方	df	Sig.
0.926	0.929	33	0.922	5559.874	528	0.000

表 5.10　模型信度与效度检验结果

潜变量	观测变量	CITC	因子载荷	Cronbach's α	AVE/%
F1 自然性因子	A1 植物种类丰富	0.844	0.893	0.948	0.798
	A2 植物色彩丰富	0.837	0.888		
	A3 乔灌木数量多	0.857	0.902		
	A4 草坪覆盖面积多	0.808	0.867		
	A5 水景优美观赏性强	0.875	0.916		
	A6 地形起伏有高差变化	0.842	0.891		
F2 感知性因子	A7 空间私密性强	0.821	0.879	0.936	0.759
	A8 空间氛围安静	0.814	0.874		
	A9 景观丰富有吸引力	0.822	0.880		
	A10 空间有安全感	0.804	0.866		
	A11 环境卫生好	0.792	0.857		
	A12 周边环境隐蔽	0.810	0.871		
F3 休息性因子	A13 休息设施数量充足	0.733	0.879	0.873	0.799
	A14 休息设施舒适性好	0.765	0.898		
	A15 休息设施的朝向景观性好	0.774	0.903		

续表

潜变量	观测变量	CITC	因子载荷	Cronbach's α	AVE/%
F4 活动性因子	A16 活动场地数量充足	0.801	0.914	0.894	0.825
	A17 娱乐健身设施种类丰富	0.802	0.914		
	A18 娱乐健身设施数量充足	0.770	0.897		
F5 静态型行为模式	B1 放松和思考	0.764	0.894	0.885	0.817
	B2 接触自然	0.795	0.912		
	B3 社会交往	0.783	0.905		
F6 动态型行为模式	B4 设施活动	0.789	0.910	0.876	0.803
	B5 场地活动	0.764	0.896		
	B6 自由活动	0.740	0.883		
F7 通过型行为模式	B7 散步	0.652	0.838	0.839	0.759
	B8 跑步	0.750	0.895		
	B9 因工作或生活需要而穿越公园	0.724	0.880		
F8 居民恢复性效应	C1 身体疼痛/不舒适有所缓解	0.745	0.822	0.923	0.725
	C2 焦虑/抑郁/压力得到疏解	0.796	0.862		
	C3 精力水平/活力增加	0.801	0.869		
	C4 身体活动水平提升	0.770	0.846		
	C5 社会交往增多/孤独感减少	0.797	0.862		
	C6 睡眠质量提高	0.773	0.846		

表 5.11　所有测量变量相关系数及基于 AVE 均方根的区分效度判别

	F1	F2	F3	F4	F5	F6	F7	F8
F1	0.893							
F2	0.089	0.871						
F3	0.019	0.054	0.894					
F4	−0.049	−0.091	0.075	0.908				
F5	0.567[**]	0.354[**]	0.314[**]	−0.040	0.904			
F6	0.043	0.219[**]	0.082	0.703[**]	0.106	0.896		
F7	0.427[**]	0.479[**]	0.237[**]	0.021	0.469[**]	0.135	0.871	
F8	0.444[**]	0.098	−0.015	−0.022	0.254[**]	0.102	0.194[**]	0.851
均值	3.384	3.3002	3.2751	3.1019	3.5162	3.3398	3.6667	3.5583
标准差	0.9260	0.89373	0.93290	0.91650	0.92277	0.88527	0.77144	0.76090

注：矩阵下半部分为相关系数，对角线上为每个量表的 AVE 平方根的值，**代表显著性水平小于 0.01。

5.2.4　模型拟合度分析

采用极大似然估计法对模型进行参数估计，最终得到模型的参数估计结果以及标准化路径系数（图 5.5）。从测量模型的拟合指标来看（表 5.12），χ^2/df 的值为 1.099，小于 2，说明模型拟合好；GFI 值为 0.876，小于 0.90 的建议值，但是 Bagozzi 和 Yi[180]认为 GFI 值在 0.8 以上的模型仍可以接受；RMSEA 值小于 0.08，CFI、NFI 和 IFI 的值均大于 0.90，拟合优度比较好。可见，构建的结构方程模型较为理想。

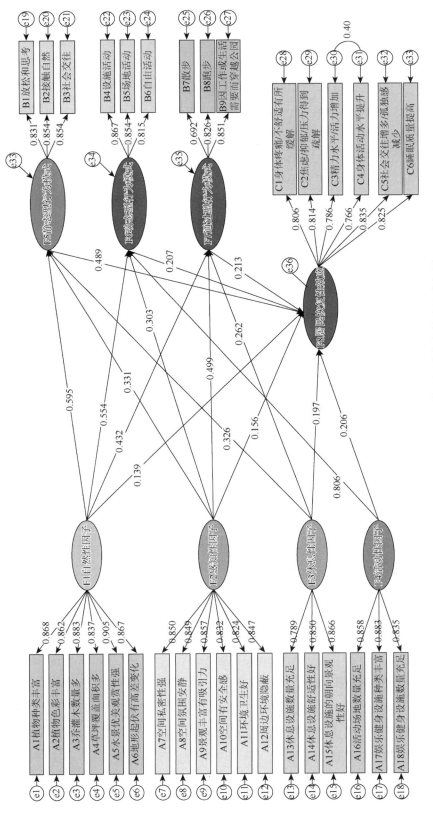

图 5.5　公园恢复性环境影响机制模型标准化参数估计路径图

表 5.12　结构方程模型的拟合度检验

拟合指数	推荐值	模型预测	解释和说明
χ^2		525.091	
df		478	
χ^2/df		1.099	1<1.099<2，说明模型拟合好
P	>0.05	0.067	大于 0.05，说明模型拟合好
GFI	>0.90	0.876	接近 0.90，说明模型拟合可接受
PGFI	>0.50	0.747	大于 0.50，说明模型拟合好
RMR	<0.05	0.054	接近 0.05，说明模型拟合可接受
RMSEA	<0.08	0.022	小于 0.08，说明模型拟合好
CFI	>0.90	0.991	大于 0.90，说明模型拟合好
NFI	>0.90	0.911	大于 0.90，说明模型拟合好
RFI	>0.90	0.902	大于 0.90，说明模型拟合好
IFI	>0.90	0.991	大于 0.90，说明模型拟合好

5.2.5　路径系数分析

表 5.13 显示了模型路径系数的估计。标准化路径系数的大小显示了各测量变量之间的关系以及各测量指标的影响程度，各测量变量之间路径系数是否显著通过 T 检验及 P 值即可判断，只要 T>1.96 或 P<0.05 即可判定路径系数显著。从路径系数的检验结果看，假设 H2b1 未被接受，其余 15 个假设均未被拒绝。

从该表可以看出 F1（自然性因子）、F2（感知性因子）、F3（休息性因子）对 F5（静态型行为模式）的标准化路径系数分别为 0.595、0.330、0.324，P 值都小于 0.05，达到显著水平，说明 F1（自然性因子）、F2（感知性因子）、F3（休息性因子）对 F5（静态型行为模式）有显著的正向影响。其中 F1（自然性因子）的标准化路径系数最大，说明 F1（自然性因子）对 F5（静态型行为模式）的作用最大。

F1（自然性因子）、F2（感知性因子）、F4（活动性因子）对 F6（动态型行为模式）的标准化路径系数分别为 0.055、0.302、0.807。其中 F1（自然性因子）的 P 值为 0.261，大于 0.05，不显著，说明 F1（自然性因子）对 F6（动态型行为模式）没有显著的影响；F2（感知性因子）、F4（活动性因子）的 P 值都小于 0.05，达到显著水平，说明 F2（感知性因子）、F4（活动性因子）对 F6（动态型行为模式）有显著的正向影响；其中 F4（活动性因子）的标准化路径系数最大，说明 F4（活动性因子）对 F6（动态型行为模式）的作用最大。

F1（自然性因子）、F2（感知性因子）、F3（休息性因子）对 F7（通过型行为模式）的标准化路径系数分别为 0.434、0.501、0.263，P 值都小于 0.05，达到显著水平，说明

F1（自然性因子）、F2（感知性因子）、F3（休息性因子）对 F7（通过型行为模式）有显著的正向影响，其中 F1（自然性因子）和 F2（感知性因子）的标准化路径系数要大于 F3（休息性因子）。

F1（自然性因子）、F2（感知性因子）、F3（休息性因子）、F4（活动性因子）对 F8（居民恢复性效应）的标准化路径系数分别为 0.138、0.156、0.198、0.207，P 值都小于 0.05，达到显著水平，说明 F1（自然性因子）、F2（感知性因子）、F3（休息性因子）、F4（活动性因子）对 F8（居民恢复性效应）有直接作用，其中 F4（活动性因子）的标准化路径系数最大，说明 F4（活动性因子）对 F8（居民恢复性效应）的直接作用最大。

F5（静态型行为模式）、F6（动态型行为模式）、F7（通过型行为模式）对 F8（居民恢复性效应）的标准化路径系数分别为 0.489、0.207、0.213，说明 F5（静态型行为模式）、F6（动态型行为模式）、F7（通过型行为模式）对 F8（居民恢复性效应）都有显著的正向影响，其中 F5（静态型行为模式）的标准化路径系数最大，说明 F5（静态型行为模式）对 F8（居民恢复性效应）的作用最大。

表 5.13　变量间路径分析结果

假设	测量模型的回归路径	估计值	标准化的估计值	S.E.	T值 C.R.	P	结论
H1a	F1→ F8	0.116	0.138	0.045	2.546	0.011	支持
H1b	F2→ F8	0.140	0.156	0.051	2.752	0.006	支持
H1c	F3→ F8	0.183	0.198	0.041	4.483	***	支持
H1d	F4→ F8	0.185	0.207	0.071	2.616	0.009	支持
H2a1	F1→ F5	0.563	0.595	0.062	9.043	***	支持
H2a2	F2→ F5	0.335	0.330	0.060	5.556	***	支持
H2a3	F3→ F5	0.339	0.324	0.065	5.224	***	支持
H2b1	F1→ F6	0.053	0.055	0.047	1.124	0.261	不支持
H2b2	F2→ F6	0.313	0.302	0.054	5.799	***	支持
H2b3	F4→ F6	0.833	0.807	0.069	12.112	***	支持
H2c1	F1→ F7	0.243	0.434	0.039	6.193	***	支持
H2c2	F2→ F7	0.301	0.501	0.044	6.817	***	支持
H2c3	F3→ F7	0.163	0.263	0.041	3.933	***	支持
H3a	F5→ F8	0.432	0.489	0.056	7.726	***	支持
H3b	F6→ F8	0.179	0.207	0.072	2.480	0.013	支持
H3c	F7→ F8	0.317	0.213	0.083	3.809	***	支持

注：***表示在 0.01 水平上显著。

根据以上路径系数分析，进一步绘制了数据所支持的结构方程模型图，如图 5.6 所示。

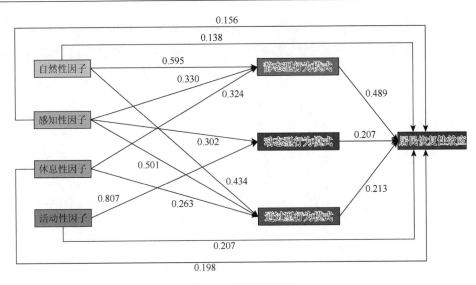

图 5.6　路径模型检验

5.2.6　中介效应检验

假设模型中还存在中介作用的假设，本书采用 5.1.4 节介绍的检验中介效应的方式，对居民行为模式的中介作用进行检验。按照中介效应检验方法，居民行为模式（静态型行为模式、动态型行为模式、通过型行为模式）在公园恢复性环境（自然性因子、感知性因子、休息性因子、活动性因子）与居民恢复性效应的关系中起中介作用必须满足三个条件：①公园恢复性环境与居民恢复性效应必须显著相关；②公园恢复性环境与居民行为模式必须显著相关；③当居民行为模式进入公园恢复性环境与居民恢复性效应的关系分析中时，公园恢复性环境与居民恢复性效应的关系消失或减弱。如果公园恢复性环境与居民恢复性效应的关系完全消失，则称居民行为模式起完全中介作用，如果公园恢复性环境与居民恢复性效应依然显著相关，但关系显著减弱，则称居民行为模式起部分中介作用。具体的步骤及相应的结果如下（以下描述参数涉及 3.4.3 节中介模型示意图，参见图 3.4）。

（1）首先看总体效应 c 的文本输出结果，采用 BC（Bias-corrected）偏差校正法估计的总体效应标准化估计的下限值、上限值和双尾显著性检验结果，双尾显著性检验结果显示（表 5.14），自变量 F1（自然性因子）、F2（感知性因子）、F3（休息性因子）、F4（活动性因子）分别对因变量 F8（居民恢复性效应）的总体效应 c 显著，P 值分别为 0.001、0.001、0.001、0.000，在 0.01 水平上显著。

表 5.14　总体效应显著性检验结果

	F4	F3	F2	F1	F6	F7	F5	F8
F6	0.000	...	0.000	0.223	...	...	...	...
F7	...	0.000	0.000	0.000	...	...	...	...
F5	...	0.001	0.001	0.001	...	...	...	...
F8	0.000	0.001	0.001	0.001	0.026	0.001	0.000	

（2）其次看直接效应 a、b 和 c' 的文本输出结果，表 5.15 显示了直接效应 a、b 和 c' 在 0.05 水平上显著，只有 F1（自然性因子）对 F6（动态型行为模式）的 P 值为 0.223，结果不显著，与前面路径分析中所得出的 F1→F6 假设不成立的结果一致。

表 5.15　直接效应显著性检验结果

	F4	F3	F2	F1	F6	F7	F5	F8
F6	0.000	...	0.000	0.223	...	...	...	...
F7	...	0.000	0.000	0.000	...	...	...	...
F5	...	0.001	0.001	0.001	...	...	...	...
F8	0.012	0.000	0.006	0.012	0.026	0.001	0.000	...

（3）再次看间接效应的文本输出结果（表 5.16），自变量 F1（自然性因子）、F2（感知性因子）、F3（休息性因子）、F4（活动性因子）对因变量 F8（居民恢复性效应）的间接效应 P 值分别为 0.000（在 0.01 水平上显著）、0.000（在 0.01 水平上显著）、0.000（在 0.01 水平上显著）、0.024（在 0.05 水平上显著）。可以判定 c、a、b、c' 的估计值都达到了显著性。说明本书的中介效应是不完全中介，居民行为模式起部分中介作用。

表 5.16　间接效应显著性检验结果

	F4	F3	F2	F1	F6	F7	F5	F8
F6	...	...	...	...	...	...	...	...
F7	...	...	...	...	...	...	...	...
F5	...	...	...	...	...	...	...	...
F8	0.024	0.000	0.000	0.000	...	...	...	...

（4）然后采用 Bootstrap 法得出的标准化估计值及其标准误（表 5.17～表 5.19），对照表格内容，可以得出 a、b、c'、c 的标准化估计值及其对应的标准误。根据以上内容，可以得出各变量之间的效应表（表 5.20）。

表 5.17　系数 a、b、c' 的标准化估计值及其对应的标准误

			SE	SE-SE	Mean	Bias	SE-Bias
F5	←	F1	0.046	0.000	0.596	0.001	0.001
F5	←	F2	0.057	0.001	0.331	0.001	0.001
F7	←	F1	0.054	0.001	0.432	−0.002	0.001
F6	←	F2	0.050	0.001	0.303	0.001	0.001
F7	←	F2	0.052	0.001	0.499	−0.002	0.001
F5	←	F3	0.054	0.001	0.326	0.002	0.001
F7	←	F3	0.067	0.001	0.262	0.000	0.001
F6	←	F4	0.033	0.000	0.806	−0.001	0.000
F6	←	F1	0.048	0.000	0.054	−0.001	0.001
F8	←	F1	0.054	0.001	0.139	0.001	0.001

续表

			SE	SE-SE	Mean	Bias	SE-Bias
F8	←	F2	0.054	0.001	0.156	0.000	0.001
F8	←	F3	0.043	0.000	0.197	−0.001	0.001
F8	←	F4	0.072	0.001	0.206	−0.001	0.001
F8	←	F5	0.073	0.001	0.488	−0.001	0.001
F8	←	F6	0.089	0.001	0.208	0.001	0.001
F8	←	F7	0.052	0.001	0.214	0.001	0.001

注：SE 表示估计值标准误；SE-SE 表示用 Bootstrap 法估计标准误而产生的标准误；Mean 表示标准化估计值；Bias 表示采用 Bootstrap 法前后的标准化估计值的差异值，正负号表示差异大小；SE-Bias 表示对估计值差异估计的标准误。

表 5.18　总体效应 c 的标准化估计值

	F4	F3	F2	F1	F6	F7	F5	F8
F6	0.807	0.000	0.302	0.055	0.000	0.000	0.000	0.000
F7	0.000	0.263	0.501	0.434	0.000	0.000	0.000	0.000
F5	0.000	0.324	0.330	0.595	0.000	0.000	0.000	0.000
F8	0.373	0.412	0.487	0.533	0.207	0.213	0.489	0.000

表 5.19　总体效应 c 标准化估计值对应的标准误

	F4	F3	F2	F1	F6	F7	F5	F8
F6	0.033	0.000	0.050	0.048	0.000	0.000	0.000	0.000
F7	0.000	0.067	0.052	0.054	0.000	0.000	0.000	0.000
F5	0.000	0.054	0.057	0.046	0.000	0.000	0.000	0.000
F8	0.036	0.040	0.044	0.037	0.089	0.052	0.073	0.000

表 5.20　公园恢复性环境影响机制模型效应表

	F5 静态型行为模式			F6 动态型行为模式			F7 通过型行为模式			F8 居民恢复性效应		
	直接效应	间接效应	总体效应	直接效应	间接效应	总体效应	直接效应	间接效应	总体效应	直接效应	间接效应	总体效应
F1 自然性因子	0.595	0	0.595	0	0	0	0.432	0	0.432	0.139	0.394	0.533
F2 感知性因子	0.331	0	0.331	0.303	0	0.303	0.499	0	0.499	0.156	0.331	0.487
F3 休息性因子	0.326	0	0.326	0	0	0	0.262	0	0.262	0.197	0.215	0.412
F4 活动性因子	0	0	0	0.806	0	0.806	0	0	0	0.206	0.167	0.373
F5 静态型行为模式	0	0	0	0	0	0	0	0	0	0.489	0	0.489
F6 动态型行为模式	0	0	0	0	0	0	0	0	0	0.207	0	0.207
F7 通过型行为模式	0	0	0	0	0	0	0	0	0	0.213	0	0.213
F8 居民恢复性效应	0	0	0	0	0	0	0	0	0	0	0	0

（5）最后根据中介效应的定义，即中介效应 = $a \times b$，可以得到：中介变量 F5（静态型行为模式）的中介效应为 0.612；中介变量 F6（动态型行为模式）的中介效应为 0.230；中介变量 F7（通过型行为模式）的中介效应为 0.254；中介变量居民行为模式的中介效应为 1.096，与总体效应的比例为 $a \times b/c = 0.607$，说明居民行为模式的中介效应占总体效应的比例约为 3/5。

因此，在居民行为模式三个维度作为中介的假设中，有一个假设 H4b1 没有得到支持。居民行为模式作为中介变量，其中作用部分得到了证实。中介变量 F5（静态型行为模式）的中介效应最大，中介变量 F7（通过型行为模式）的中介效应次之，中介变量 F6（动态型行为模式）的中介效应最小。

5.2.7　假设验证与结论

本书共提出四组研究假设，实证研究结果发现，四个维度的社区公园恢复性环境正向影响居民行为模式（静态型行为模式、动态型行为模式和通过型行为模式），居民行为模式对居民恢复性效应产生正向影响，居民行为模式在社区公园恢复性环境与居民恢复性效应的关系中起中介作用。结果很好地支持了理论模型，汇总的假设检验结果如表 5.21 所示。

表 5.21　研究假设是否得到验证的情况汇总

假设		关系	是否证实
H1		社区公园恢复性环境对居民恢复性效应具有显著的正向影响	支持
	H1a	自然性因子对居民恢复性效应具有显著的正向影响	支持
	H1b	感知性因子对居民恢复性效应具有显著的正向影响	支持
	H1c	休息性因子对居民恢复性效应具有显著的正向影响	支持
	H1d	活动性因子对居民恢复性效应具有显著的正向影响	支持
H2		社区公园恢复性环境对居民行为模式具有显著的正向影响	部分支持
	H2a	社区公园恢复性环境对静态型行为模式具有显著的正向影响	支持
	H2a1	自然性因子对静态型行为模式具有显著的正向影响	支持
	H2a2	感知性因子对静态型行为模式具有显著的正向影响	支持
	H2a3	休息性因子对静态型行为模式具有显著的正向影响	支持
	H2b	社区公园恢复性环境对动态型行为模式具有显著的正向影响	部分支持
	H2b1	自然性因子对动态型行为模式具有显著的正向影响	不支持
	H2b2	感知性因子对动态型行为模式具有显著的正向影响	支持
	H2b3	活动性因子对动态型行为模式具有显著的正向影响	支持
	H2c	社区公园恢复性环境对通过型行为模式具有显著的正向影响	支持
	H2c1	自然性因子对通过型行为模式具有显著的正向影响	支持
	H2c2	感知性因子对通过型行为模式具有显著的正向影响	支持
	H2c3	休息性因子对通过型行为模式具有显著的正向影响	支持

续表

假设		关系	是否证实
H3		居民行为模式与居民恢复性效应具有显著的正向影响	支持
	H3a	静态型行为模式对居民恢复性效应具有显著的正向影响	支持
	H3b	动态型行为模式对居民恢复性效应具有显著的正向影响	支持
	H3c	通过型行为模式对居民恢复性效应具有显著的正向影响	支持
H4		居民行为模式在社区公园恢复性环境作用于居民恢复性效应时具有显著的中介作用	部分支持
	H4a	静态型行为模式在社区公园恢复性环境作用于居民恢复性效应时具有显著的中介作用	支持
	H4a1	静态型行为模式在自然性因子作用于居民恢复性效应时具有显著的中介作用	支持
	H4a2	静态型行为模式在感知性因子作用于居民恢复性效应时具有显著的中介作用	支持
	H4a3	静态型行为模式在休息性因子作用于居民恢复性效应时具有显著的中介作用	支持
	H4b	动态型行为模式在社区公园恢复性环境作用于居民恢复性效应时具有显著的中介作用	部分支持
	H4b1	动态型行为模式在自然性因子作用于居民恢复性效应时具有显著的中介作用	不支持
	H4b2	动态型行为模式在感知性因子作用于居民恢复性效应时具有显著的中介作用	支持
	H4b3	动态型行为模式在活动性因子作用于居民恢复性效应时具有显著的中介作用	支持
	H4c	通过型行为模式在社区公园恢复性环境作用于居民恢复性效应时具有显著的中介作用	支持
	H4c1	通过型行为模式在自然性因子作用于居民恢复性效应时具有显著的中介作用	支持
	H4c2	通过型行为模式在感知性因子作用于居民恢复性效应时具有显著的中介作用	支持
	H4c3	通过型行为模式在休息性因子作用于居民恢复性效应时具有显著的中介作用	支持

5.2.8　人口学特征和生活环境特征的影响分析

本书考察人口学特征和生活环境特征对居民恢复性效应的影响。以性别、年龄、职业、文化程度、收入水平、家庭特征、社区环境品质、可达性、游览频率、游览时间等作为控制变量，运用方差分析检验这些变量对居民健康恢复性效应是否产生显著影响。

研究结果表明，被调查居民的性别、年龄、职业、文化程度、收入水平对居民健康恢复性效应维度没有显著影响，家庭特征、社区环境品质、可达性、游览频率、游览时间对居民健康恢复性效应有显著影响。家庭特征中，有未成年人同住的家庭游览公园的频率相比没有未成年人同住的家庭更高，对居民健康恢复性效应的评价更高；社区环境品质中，越好的社区环境品质，对居民健康恢复性效应的评价更高；可达性方面，低于10 分钟的到达公园时间能够获得更高的恢复性效应评价，因为更高的可达性表现在居民游览公园的频率和停留时间上更高；游览频率和游览时间方面，更高的游览频率和停留时间能获得更高的恢复性效应评价。

5.3　实证结果与讨论

5.3.1　恢复性环境因子对静态型行为的影响

基于以上的研究和分析，社区公园恢复性环境在提升公园内居民的静态型行为方面具有正向影响作用，假设 H2a1、H2a2、H2a3 探讨了公园恢复性环境对静态型行为模式的影响，检验的结果全都通过了验证，与本书的理论预期保持一致。从影响的效果比较来看（图 5.7），自然性因子、感知性因子和休息性因子对静态型行为模式的标准化路径系数分别为 0.595、0.330 和 0.324。这一结果表明，在对静态型行为模式的影响中，自然性因子的重要性和作用最大，感知性因子其次，休息性因子最小。

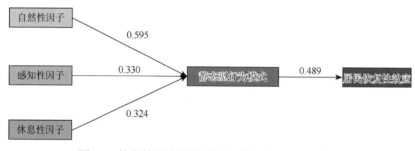

图 5.7　恢复性环境因子对静态型行为影响路径模型

5.3.2　恢复性环境因子对动态型行为的影响

基于以上的研究和分析，社区公园恢复性环境在提升公园内居民的动态型行为方面，部分具有正向影响作用，假设 H2b1、H2b2、H2b3 探讨了公园恢复性环境对动态型行为模式的影响，检验的结果 H2b1 没有通过验证，H2b2、H2b3 通过验证，与本书的理论预期部分保持一致。H2b1 没有通过验证，前期文献研究中，对于自然性因子对动态型行为模式的影响情况出现了两种结论：一部分学者认为在绿色自然环境中运动，能够促进居民的运动行为；一部分学者提出了相反的观点。本书通过设立假设，通过实证检验，结果表明自然性因子对公园内居民的动态型行为模式的影响不明显，不存在显著的相关性。

从产生影响因子的效果比较来看（图 5.8），感知性因子和活动性因子对动态型行为模式的标准化路径系数分别为 0.302 和 0.807。这一结果表明，在对动态型行为模式的影响中，活动性因子的重要性和作用最大。这个结果符合研究的预期，活动性因子所涉及的测量指标，如活动场地、娱乐健身设施都与居民的动态活动息息相关，能够直接诱发并促进居民的动态活动，因此，从影响路径系数来看，活动性因子的路径系数较感知性因子路径系数明显偏大。而在公园中进行动态活动时，环境特征也会带来不同的主观感受，心理感受的程度会影响居民的动态活动,因此感知性因子也在一定程度上对动态型行为模式产生影响。

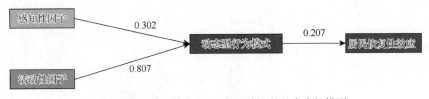

图 5.8　恢复性环境因子对动态型行为影响路径模型

5.3.3　恢复性环境因子对通过型行为的影响

基于以上的研究和分析,社区公园恢复性环境在提升公园内居民的通过型行为方面具有正向影响作用,H2c1、H2c2、H2c3 探讨了公园恢复性环境对通过型行为模式的影响,检验的结果全都通过了验证,与本书的理论预期保持一致。从影响的效果比较来看(图 5.9),自然性因子、感知性因子和休息性因子对通过型行为模式的标准化路径系数分别为 0.434、0.501 和 0.263。这一结果表明,在对通过型行为模式的影响中,感知性因子的重要性和作用最大,自然性因子其次,休息性因子最小。表明居民在散步、跑步或因工作生活需要通过某片区域时,公园环境的感知性因子特征是居民选择穿越该公园最大的影响因素,其次是公园环境的自然性因子特征。在通过该公园时,因为一定距离的行走,居民也会倾向于进行短暂的休憩,因此公园的休息性因子特征也对居民的通过型行为产生一定的影响。

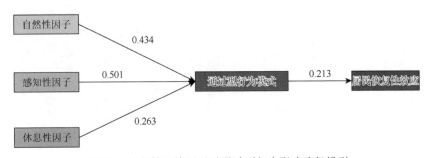

图 5.9　恢复性环境因子对通过型行为影响路径模型

5.4　社区公园恢复性环境的影响机制与效应分析

前面已经论述过社区公园恢复性环境影响机制的本质是研究变量产生效应的路径和过程,而中介变量是自变量对因变量发生影响的中介,是产生影响的实质性、内在的原因。实证研究已经证实了居民行为模式在社会公园恢复性环境影响机制中的中介作用,并且变量各个维度的影响关系都有了实证结果。

图 5.10 展示了以居民行为模式为中介变量的社区公园恢复性环境产生恢复性效应的影响路径和效应,从图中可以清晰地看到每条路径的影响效应以及每个测量指标对测量变量的影响效应。以居民行为模式为中介变量的社区公园恢复性环境影响路径有三条,分别是路径 1(社区公园恢复性环境→静态型行为模式→居民恢复性效应)、路径 2(社区公园恢复性环境→动态型行为模式→居民恢复性效应)和路径 3(社区公园恢复性环境→通过型行为模式→居民恢复性效应)。前面已验证,静态型行为模式的中介效应最大,动态型行为模式的中

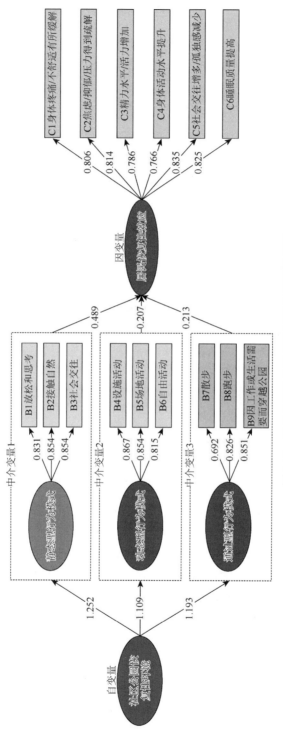

图 5.10　社区公园恢复性环境影响路径解释框架

介效应最小。由图 5.10 路径系数比较可以看出，公园恢复性环境对静态型行为模式的影响最大，产生的恢复性效应也最大；对通过型行为模式的影响次之；对动态型行为模式的影响最小。并且路径 1 产生的影响效应是路径 2 和路径 3 的两倍，因此，以静态型行为模式为中介变量是公园环境产生恢复性效应中影响力最大的路径。

从图中各变量测量指标的路径系数中可以总结出测量指标的影响程度。静态型行为模式和动态型行为模式的各个测量指标影响程度基本一致；通过型行为模式中，"B9 因工作或生活需要而穿越公园"的影响程度高于其他两个测量指标，社区公园多是可达性高、分布广和面积较小，居民因工作或生活需求出行时选择穿越公园，从而发挥公园环境恢复性效应的作用，因此在公园环境设计中，要对这类行为模式加以考虑；居民恢复性效应的各项测量指标差异不大，路径系数为 0.766～0.835，"C5 社会交往增多/孤独感减少"的路径系数最高，"C4 身体活动水平提升"的路径系数最低，通过这 6 个测量指标的比较，说明对于居民访问公园后的恢复效应中，心理与认知健康维度的恢复略高于生理健康维度的恢复，因此在社区公园恢复性环境营造中，应该对居民心理与认知健康维度的恢复效应投以更多的关注。

面对社区公园恢复性环境的影响路径与效应进行了一个总体的分析，下面将进一步对社区公园恢复性环境四个维度的影响路径和效应进行解析，可以针对居民行为模式的特点，设计更具恢复性效应的社区公园。

5.4.1　自然性因子的影响路径与效应

第 5 章对社区公园恢复性环境特征的研究中已经证实自然性因子在所有影响因子中，起到了最为重要的影响，本章的实证研究中，自然性因子在社区公园恢复性环境的四个维度中，对居民恢复性效应的总体效应值最高，为 0.533（表 5.20），再次证明了自然性因子对恢复性效应起最为重要的作用。根据模型运算和假设验证的结果，可以发现自然性因子对居民恢复性效应的影响路径有三条（图 5.11）。自然性因子对居民恢复性效应的影响存在直接作用和间接作用，在间接作用中，包含两条中介作用的影响路径。

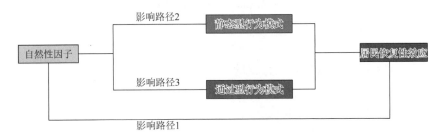

图 5.11　自然性因子影响路径示意图

影响路径 1 表示自然性因子对居民恢复性效应的直接作用，自然性因子本身的特征使其具有的生态效应（如改善温室效应、降低空气污染等）对健康有直接影响，从表 5.20 可以看到自然性因子对居民恢复性效应的直接效应为 0.139，间接效应为 0.394，因此，自然性因子对居民恢复性效应的作用中，通过中介变量的间接作用影响最为重要。含有中介作用的两条影响路径分别是路径 2（自然性因子→静态型行为模式→居民恢复性效应）和路径 3（自然性因子→通过型行为模式→居民恢复性效应）。

通过图 5.12 路径系数比较，自然性因子对静态型行为模式的影响效应高于通过型行为模式。在自然性因子六个测量指标的路径系数中，"A5 水景优美观赏性强"（0.905）是最重要的影响因子；其次是"A3 乔灌木数量多"（0.883）；再次是"A1 植物种类丰富"（0.868）和"A6 地形起伏有高差变化"（0.867）；最后是"A2 植物色彩丰富"（0.862）和"A4 草坪覆盖面积多"（0.837）。

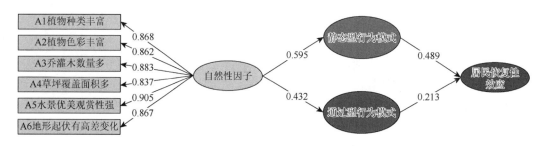

图 5.12　自然性因子影响效应示意图

在所有测量指标中，水景对自然性因子的路径系数最高，说明水景是居民产生静态型行为和通过型行为影响最大的要素。静态型行为主要包括在公园中坐着放松、冥想、呼吸清新空气、接触自然以及聊天聚会等社会交往的活动，水景本身是十分重要的自然要素，且居民天生具有亲水性，加上水体本身表现性极强，因此，优美的水景能够极大地促使居民静态行为的产生。调研发现，居民也更愿意围绕在水景周边休憩和聊天。对于散步、跑步或因工作生活需要而穿越公园的通过型行为来说，水景也是最有吸引力的影响因素，能够极大地吸引居民穿越公园，继而产生恢复性效应。水景要素虽然在调研中不是普遍存在的要素，但其自身的特征使有水景的公园的恢复性效应都极大地增强。

乔灌木数量和植物种类也是影响居民产生静态型行为和通过型行为的重要因素。在调研中发现，居民针对植物要素关注较多的是：乔灌木的数量是否足够；绿色植物的比例是否够高；植物种类配置是否丰富。可以说，乔灌木的数量和植物的种类是最为核心的两个要素，也是促使居民产生静态型行为和通过型行为最为基本的要素。

其他几个要素对于提升自然性因子对静态型行为和通过型行为的影响，也具有十分重要的作用。在公园环境中自然要素的营造，需要结合居民这两种行为模式的特点，进行有针对性的设计，获得更高的恢复性效应。

5.4.2　感知性因子的影响路径与效应

感知性因子主要描述公园整体环境给居民带来的主观感受，涉及的测量指标与前面根据恢复性环境核心理论总结特征要素紧密相关，主要反映了公园恢复性环境的心理环境特征。第 5 章对社区公园恢复性环境特征的研究中，感知性因子的影响仅次于自然性因子。

本章的实证研究中，感知性因子对居民恢复性效应的总体效应值为 0.487（表 5.20），仅次于自然性因子，与前面研究结果一致。

　　感知性因子涉及的测量指标是居民在公园环境中产生的主观感受，这些感受通过不同的影响路径达到居民恢复性效应的作用。根据模型运算和假设验证的结果，可以发现感知性因子对居民恢复性效应的影响路径有四条（图 5.13）。感知性因子对居民恢复性效应的影响存在直接作用和间接作用，在间接作用中，包含三条中介作用的影响路径。

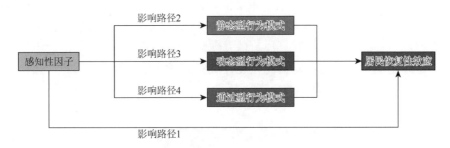

图 5.13　感知性因子影响路径示意图

　　影响路径 1 表示感知性因子对居民恢复性效应的直接作用，感知性因子本身的特征如安静的氛围能平静居民的身心、富有吸引力的景观能愉悦身心等，这些主观感受在一定程度上都能对健康产生直接影响。从表 5.20 可以看到，感知性因子对居民恢复性效应的直接效应为 0.156，间接效应为 0.331，因此，感知性因子对居民恢复性效应的作用中，通过中介变量的间接作用影响最为重要。含有中介作用的三条影响路径分别是影响路径 2（感知性因子→静态型行为模式→居民恢复性效应）、影响路径 3（感知性因子→动态型行为模式→居民恢复性效应）和影响路径 4（感知性因子→通过型行为模式→居民恢复性效应）。感知性因子对中介变量居民行为模式的三个维度均有影响，同时说明感知性因子产生居民恢复性效应的影响涉及面更加广泛。

　　通过图 5.14 路径系数比较，感知性因子对通过型行为模式的影响效应最高，其次是静态型行为模式，动态型行为模式的影响效应最低。在感知性因子六个测量指标的路径系

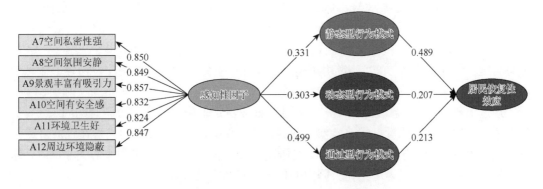

图 5.14　感知性因子影响效应示意图

数中，"A9 景观丰富有吸引力"（0.857）是最重要的影响因子；其次是"A7 空间私密性强"（0.850）、"A8 空间氛围安静"（0.849）以及"A12 周边环境隐蔽"（0.847）；最后是"A10 空间有安全感"（0.832）和"A11 环境卫生好"（0.824）。

5.4.3 休息性因子的影响路径与效应

休息性因子主要描述公园提供与休息相关的物理环境与心理环境,涉及的测量指标包括休息设施的数量、舒适性和景观性。本章的实证研究中，休息性因子对居民恢复性效应的总体效应值为 0.412（表 5.20），在公园恢复性环境的四个维度中排第三位。

根据模型运算和假设验证的结果,可以发现休息性因子对居民恢复性效应的影响路径有三条（图 5.15）。休息性因子对居民恢复性效应的影响存在直接作用和间接作用,在间接作用中,包含两条中介作用的影响路径。

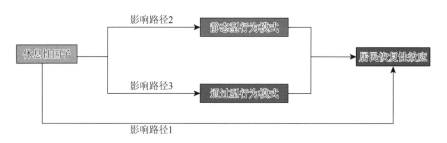

图 5.15 休息性因子影响路径示意图

影响路径 1 表示的休息性因子对居民恢复性效应的直接作用,休息行为本身能对健康产生直接影响,不论是心理上还是生理上都具有一定的恢复功效。从表 5.20 可以看到休息性因子对恢复性效应的直接效应为 0.197,间接效应为 0.215,说明休息性因子对居民恢复性效应的直接作用,与通过中介变量的间接作用影响接近。含有中介作用的两条影响路径分别是影响路径 2（休息性因子→静态型行为模式→居民恢复性效应）和影响路径 3（休息性因子→通过型行为模式→居民恢复性效应）。

通过图 5.16 路径系数比较,休息性因子对静态型行为模式的影响效应高于通过型行为模式。在休息性因子三个测量指标的路径系数中, "A15 休息设施的朝向景观性好"（0.866）是最重要的影响因子；其次是"A14 休息设施舒适性好"（0.850）；最后是"A13 休息设施数量充足"（0.789）。说明居民对公园环境中休息性因子的关注,相较于休息设施的数量,更关注休息设施的朝向和舒适性。

通过调研发现,休息设施的朝向景观性的好坏决定了居民停留在公园时间的长短,受访者表示更愿意坐在能看见优美自然景观的休息设施处。而精神疲惫的人群往往对舒适性有着更敏锐的感受,舒适的座椅也能激发居民更多的静态型行为和通过型行为。同时,休息设施的充足数量也能为居民在公园内的休憩和停留提供条件。

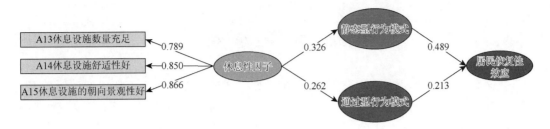

图 5.16　休息性因子影响效应示意图

5.4.4　活动性因子的影响路径与效应

活动性因子主要描述公园内与娱乐健身活动相关的设施配置情况。本章的实证研究中，活动性因子对居民恢复性效应的总体效应值为 0.373（表 5.20），在公园恢复性环境的四个维度中排第四位。说明相较于其他三个维度，活动性因子的居民恢复性效应较低。

根据模型运算和假设验证的结果，可以发现活动性因子对居民恢复性效应的影响路径有两条（图 5.17）。活动性因子对居民恢复性效应的影响存在直接作用和间接作用，在间接作用中，包含一条中介作用的影响路径。

图 5.17　活动性因子影响路径示意图

影响路径 1 表示的活动性因子对居民恢复性效应的直接作用，体力活动本身会对健康产生直接影响，不论是心理上还是生理上都具有较大的恢复功效。从表 5.20 可以看到活动性因子对居民恢复性效应的直接效应为 0.206，间接效应为 0.167，说明活动性因子对居民恢复性效应的直接作用大于通过中介变量的间接作用。含有中介作用的一条影响路径是影响路径 2（活动性因子→动态型行为模式→居民恢复性效应）。

通过图 5.18 路径系数比较，活动性因子对动态型行为模式的影响效应为 0.806，相较于其他维度来说，其影响是最大的。在活动性因子三个测量指标的路径系数中，"A17娱乐健身设施种类丰富"（0.883）是最重要的影响因子；其次是"A16 活动场地数量充足"（0.858）；最后是"A18 娱乐健身设施数量充足"（0.835）。说明居民更关注娱乐健身设施的种类，更多人性化设施的配置，更多样化的选择更符合居民不同的活动需求。

图 5.18　活动性因子影响效应示意图

5.5　本　章　小　结

　　社区公园恢复性环境对居民恢复性效应的影响因素众多，各因素所起的作用各不相同，作用方式也有所区别，本章基于前面的理论及实证研究，建立了社区公园恢复性环境特征因子与居民行为模式因子之间的互动研究，将居民行为模式作为中介变量引入公园环境与居民恢复性效应关系中，对众多影响因素进行梳理，从大量的影响、互动因素中寻找既概括又精确的关系属性。研究证实了居民行为模式在社区公园恢复性环境与居民恢复性效应的关系中起中介作用，并对社区公园恢复性环境四个维度（自然性因子、感知性因子、休息性因子和活动性因子）分别对居民行为模式（静态型行为模式、动态型行为模式和通过型行为模式）的影响路径和效应进行了解析。通过建立影响路径解释框架，揭示出社区公园恢复性环境的影响机制。

　　其研究结果帮助居民更为深入和准确地了解公园恢复性环境的影响动因，并与建筑规划、风景园林学科关注的物质空间及要素建立起紧密的联系，可用于指导社区公园恢复性环境空间的优化，对于建设满足居民恢复性体验的社区公园提供了理论基础和可操作的措施。

第6章 社区公园恢复性环境空间优化原则及策略

本章试图回答的研究问题是建构社区公园恢复性环境的普适性原则及标准是什么。并试图提出社区公园恢复性环境的优化策略和空间模式。研究建立在第4章对社区公园恢复性环境特征的提取和量化以及第 5 章对社区公园恢复性环境的影响机制及影响路径的揭示上，采用理论思想借鉴、基于实证的系统归纳、辅以文献及案例参考的方法。

本章阐述的逻辑思路：首先，从环境行为学的经典理论中探寻行为模式——空间环境的内涵，以此作为提炼社区公园恢复性环境结构体系的重要思想来源；其次，以上述思想为基础，根据社区公园恢复性环境形成维度和机制构成推演社区公园恢复性环境空间优化的思考意识与原则；最后，总结出社区公园恢复性环境的空间优化策略。

6.1 社区公园恢复性环境结构体系

社区公园恢复性环境结构体系从一定程度上讲是一种思维方法，是一种富有结构性的系统设计方法，用于社区公园恢复性环境的营造和优化。所形成的结构体系主要是基于行为模式—空间环境两大体系耦合分析的互动思维。

6.1.1 社区公园恢复性环境与居民行为模式耦合分析

耦合是工程领域的专有名词，指两个或两个以上的元件的输入与输出之间相互影响并紧密配合。耦合分析法是一种富有结构性的系统思维分析方法，将思维过程通过图示的方式展现出来，更加清晰化、系统化及逻辑化，便于设计师把握和操作，同时，将各种无限的可能性以图面空间的形式展现出来，有益于开拓设计师的思维。本章借助耦合分析的方法，基于前面的理论和实证分析，建立社区公园恢复性环境与居民行为模式两大系统进行互动耦合分析，通过两大系统要素的耦合形成有恢复性效应的结合点，将这些结合点按一定秩序联系起来形成结构体系，成为一张社区公园恢复性环境空间设计要素的网格，为社区公园恢复性环境空间优化提供指导。

1. 分系统建立网络

根据前面所做的研究和论述，本书将建立 X、Y 两个系统：X 系统是基于社区公园恢复性环境所建立的空间系统，包括自然性因子、感知性因子、休息性因子和活动性因子四个方面的特征要素组合；Y 系统是基于居民行为模式所建立的功能系统，体系下包括三大要素：静态型行为类型、动态型行为类型和通过型行为类型。将 X、Y 两个系统及对应的要素建立网格（表 6.1），竖向为基于居民行为模式体系的功能系统，横向为基于社区公园恢复性环境体系的空间系统。

表 6.1　社区公园恢复性环境空间设计要素的网格

			基于社区公园恢复性环境的空间系统 X																			
			自然性因子						感知性因子						休息性因子			活动性因子		
		要素	水景优美观赏性强 X_1	乔灌木数量多 X_2	植物种类丰富 X_3	地形起伏有高差变化 X_4	植物色彩丰富 X_5	草坪覆盖面积多 X_6	景观丰富有吸引力 X_7	空间私密性强 X_8	空间氛围安静 X_9	周边环境隐蔽 X_{10}	空间有安全感 X_{11}	环境卫生好 X_{12}	休息设施的朝向景观性好 X_{13}	休息设施舒适性好 X_{14}	休息设施数量充足 X_{15}	娱乐健身设施种类丰富 X_{16}	活动场地数量充足 X_{17}	娱乐健身设施数量充足 X_{18}
基于居民行为模式的功能系统 Y	静态型	接触自然 Y_1	X_1Y_1	X_2Y_1	X_3Y_1	X_4Y_1	X_5Y_1	X_6Y_1	X_7Y_1	X_8Y_1	X_9Y_1	$X_{10}Y_1$	$X_{11}Y_1$	$X_{12}Y_1$	$X_{13}Y_1$	$X_{14}Y_1$	$X_{15}Y_1$			
		社会交往 Y_2	X_1Y_2	X_2Y_2	X_3Y_2	X_4Y_2	X_5Y_2	X_6Y_2	X_7Y_2	X_8Y_2	X_9Y_2	$X_{10}Y_2$	$X_{11}Y_2$	$X_{12}Y_2$	$X_{13}Y_2$	$X_{14}Y_2$	$X_{15}Y_2$			
		放松和思考 Y_3	X_1Y_3	X_2Y_3	X_3Y_3	X_4Y_3	X_5Y_3	X_6Y_3	X_7Y_3	X_8Y_3	X_9Y_3	$X_{10}Y_3$	$X_{11}Y_3$	$X_{12}Y_3$	$X_{13}Y_3$	$X_{14}Y_3$	$X_{15}Y_3$			
	动态型	设施活动 Y_4							X_7Y_4	X_8Y_4	X_9Y_4	$X_{10}Y_4$	$X_{11}Y_4$	$X_{12}Y_4$				$X_{16}Y_4$	$X_{17}Y_4$	$X_{18}Y_4$
		场地活动 Y_5							X_7Y_5	X_8Y_5	X_9Y_5	$X_{10}Y_5$	$X_{11}Y_5$	$X_{12}Y_5$				$X_{16}Y_5$	$X_{17}Y_5$	$X_{18}Y_5$
		自由活动 Y_6							X_7Y_6	X_8Y_6	X_9Y_6	$X_{10}Y6$	$X_{11}Y_6$	$X_{12}Y_6$				$X_{16}Y_6$	$X_{17}Y_6$	$X_{18}Y_6$
	通过型	因工作或生活需要而穿越公园 Y_7	X_1Y_7	X_2Y_7	X_3Y_7	X_4Y_7	X_5Y_7	X_6Y_7	X_7Y_7	X_8Y_7	X_9Y_7	$X_{10}Y_7$	$X_{11}Y_7$	$X_{12}Y_7$	$X_{13}Y_7$	$X_{14}Y_7$	$X_{15}Y_7$			
		跑步 Y_8	X_1Y_8	X_2Y_8	X_3Y_8	X_4Y_8	X_5Y_8	X_6Y_8	X_7Y_8	X_8Y_8	X_9Y_8	$X_{10}Y_8$	$X_{11}Y_8$	$X_{12}Y_8$	$X_{13}Y_8$	$X_{14}Y_8$	$X_{15}Y_8$			
		散步 Y_9	X_1Y_9	X_2Y_9	X_3Y_9	X_4Y_9	X_5Y_9	X_6Y_9	X_7Y_9	X_8Y_9	X_9Y_9	$X_{10}Y_9$	$X_{11}Y_9$	$X_{12}Y_9$	$X_{13}Y_9$	$X_{14}Y_9$	$X_{15}Y_9$			

2. 系统要素耦合

基于第 5 章影响效应和路径的实证分析结果，将两大系统按网格法进行互动耦合，中间区域为 X、Y 两系统耦合形成的空间—功能一体化的网点，即可能有恢复性效应结合点 X_xY_y，如 X_1Y_1、X_2Y_1、X_2Y_2、X_2Y_3 等，表中网格仅代表了 X、Y 两个系统大的层面的耦合可能性，而实际中更多是各系统下子系统之间的耦合，并且不仅只是两种要素的耦合，还存在关联协同并置等，即要素先在内部进行组合，然后再与另一系统的要素耦合形成有价值的网点，如 $X_1X_2Y_1$、$X_2X_4Y_1Y_2$、$X_1X_2X_3Y_1Y_3$ 等，X 与 Y 两个系统的耦合并不是简单的相加，而是类似于化学反应，X、Y 是化学元素，在一定的条件下进行化合反应，最

后生成 X_xY_y 化合物，这些新生成的化合物不再是抽象的点，而是具有一定意义的形状空间。具体举例如下。

$X_2X_8X_{13}Y_1$（乔灌木数量多 + 空间私密性强 + 休息设施的朝向景观性好 + 接触自然）：丰富的乔灌木数量，形成具有一定围合感的私密空间，设置座椅朝向景观优美的乔灌木，使居民能在此休息小憩，更好地接触自然。

$X_7X_{15}Y_9$（景观丰富有吸引力 + 休息设施数量充足 + 散步）：丰富的景观设计，吸引居民穿梭于公园环境之中，随时能找到休息设施小憩或观景。

同时，基于第 5 章影响路径的实证分析结果，根据各要素影响效应程度的不同，用色块进行了简单的区分。X 系统（社区公园恢复性环境）下每个要素纵向上的色块深浅示意了对恢复性效应影响程度的强弱（由深到浅表示影响程度由大到小）。每个要素下的变量按影响效应由大到小重新排列，同色块区域恢复性效应影响程度大致是由左至右、由上至下变小。由于社区公园恢复性环境影响路径很多，要素之间关系复杂，表 6.1 对影响强弱关系只能做到大致示意，具体的影响路径和效应参考 5.4 节的分析结果。当恢复性效应结合点在空间设计中产生冲突时（如需要 X_9Y_3 氛围安静的思考空间与 $X_{16}Y_5$ 娱乐健身设施种类丰富的场地活动相冲突时），应首先进行合理的公园功能分区，并根据公园的性质类型选择最适宜的恢复性效应结合点。

以上只是一个思维过程的示范，通过此法可以有力地扩展思维，以此类推，形成各种有恢复性效应的结合点，通过这些点有秩序地连接，逐渐接近理想状态下的网格状结构，即形成社区公园恢复性环境空间设计要素的网格。网络化恢复价值点生成的每一个过程都需要设计师的参与，设计师是社区公园恢复性环境与居民行为模式耦合的必要因子，只有设计师的创意性参与才能够从无数可能性中提炼和遴选出有意义与有价值的恢复点，设计师也是系统耦合和恢复性效应结合点提炼过程的催化剂（图 6.1）。通过此法开拓思维，最后形成以下的成果：社区公园恢复性环境空间优化思考意识、原则、策略以及空间模式。

6.1.2　恢复性环境结构体系——总体网络状结构

社区公园恢复性环境结构体系从内涵角度讲包含两个方面：基于社区公园居民行为模式的功能体系与基于社区公园恢复性环境的空间景观体系。人与公园环境互动产生有恢复效应价值的结合点要素，这些要素以一定的结构秩序呈现而形成完整意义上的社区公园恢复性环境结构体系。这个结构体系建立在两大体系关联耦合形成的恢复效应结合点要素基础上，形成总体网络状结构（图 6.2），主要包含两个层次：一是指恢复性环境功能隐含结构呈现为总体网络状，二是指恢复性环境空间外显结构呈现为总体网络状。理解这两点首先建立在对恢复效应结合点要素与两大体系之间的脉络关系把握上，恢复性环境总体网络状结构秩序正是来源于恢复性效应结合点之间的内在秩序（而恢复性效应结合点的内在秩序继承于两大体系内部要素之间的关系）。

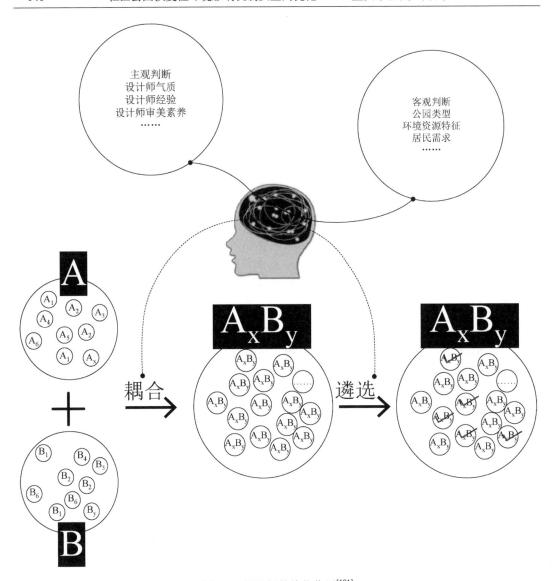

图 6.1　设计师的催化作用[181]

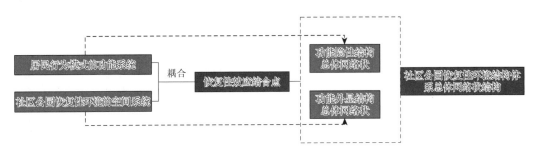

图 6.2　结构体系的两方面内涵

6.2　社区公园恢复性环境空间优化思考意识和原则

社区公园恢复性环境空间的营造除了包含普通公园的基本要素和特点,更要注重挖掘与探究恢复性环境的设计表达,首先要明确空间优化和设计的意识基础与原则。社区公园恢复性环境的形成维度是公园环境发挥恢复性效应的原理和途径,3.1 节对社区公园恢复性环境的形成维度进行了解析,以公园环境对人群心理、生理、社交的恢复性效应为主线,进行梳理和探讨,提炼出社区公园恢复性环境的形成维度为心理恢复维、生理恢复维、社交恢复维。在前面的实证研究中,也肯定了社区公园恢复性环境在这三个维度上所具有的恢复性效应。

基于前面对社区公园恢复性环境结构体系的建立,对于社区公园环境如何更大地发挥恢复性效应,本书从社区公园恢复性环境形成的三个维度来解析社区公园环境设计的意识基础和原则。

6.2.1　心理恢复维的设计意识基础和原则

心理恢复维指公园恢复性环境对于居民心理状况的改善,包括对压力、情绪、注意力等的调节和恢复作用。对于心理恢复维的设计意识基础和原则主要是:"尊重自然,接触自然,乐享自然。"

自然环境对缓解精神压力、消除疲劳具有明显效果,居民访问公园与大自然接触能更好地应付压力,同时能诱发更多的积极情绪。在前面的实证分析中也得出,自然性因子是公园恢复性环境中最重要的特征因子,产生的恢复性效应最高。因此,公园恢复性环境空间优化首先要尊重自然,然后做到使居民能最大化地接触自然和乐享自然。

(1)尊重自然。尊重自然是所有优化设计意识和原则的基础与前提。尊重自然就是强调自然本身的重要性,应该受到人类道德和情感的尊重。作为规划设计师来说,应怀有深切关怀自然的生态伦理情怀,对自然本身的尊重是其进行设计的根本原则,在工作中应具有高度的社会责任感。同时,强调自然本身的重要性,保护自然环境的原生态个性。自然不仅作为人类生活的背景,也为人类想象力提供能量,设计中应避免将自然作为背景,要突出自然本身。社区公园是城市环境的一个组成部分,应该融入整个城市的自然环境构架中,探求自然的整体性,重视自然要素相互作用的过程。

(2)接触自然。接触自然是创造居民深入自然环境中的机会。社区公园深入社区内部,与居民的生活联系最为紧密,因此应该发挥社区公园的这种特性,创造利于居民主动参与的自然空间,创造更多接触自然的机会。在重庆主城区社区公园调查过程中,发现很多面积较大的街头绿地规划成不可进入的绿地景观,虽然栽种了许多树木和草坪,但是居民匆匆路过,利用率并不高;还有一些社区公园存在入口不明显或开放度不高的问题,都会影响社区居民接触自然的机会。针对社区公园面积小、可达性高的特点,利用社区中的零星地块,广泛渗透到社区每个部分,让居民有更多机会接触自然。公园应保持内部的相对私密和安静,临街一侧应具有一定的开放度,同时入口的植物景观和铺地的设计应能吸引居民的目光[182]。

（3）乐享自然。乐享自然是居民与自然环境互动时达到的状态。乐享体现了互动中居民产生的内心愉悦的享受感，达到这种乐享状态将更有利于居民心理恢复。公园内的自然景观应从植物色彩、种类和数量几个方面创造出富于变化、层次丰富的环境景观；种植能吸引鸟类的植物，设计喷泉、叠水等小型水景观，鸟鸣和流水声能减少外部噪声，创造安静舒适的声环境；选择材质舒适的休息设施并搭配合适数量来为人群提供放松、阅读、休息的场所；选择休息设施合理的布置形式或可移动座椅来满足居民希望独自坐着观景或者社交的需求；通过对照明设施的精心搭配满足私密性和安全性的双重要求。根据影响因子的影响程度合理设计，使居民愿意花更多的时间停留在公园，乐享自然。

6.2.2 生理恢复维的设计意识基础和原则

生理恢复维指公园恢复性环境对于居民体力活动的促进，现代社会中，体力活动不足是影响居民身心健康的重要因素，通过促进体力活动可以达到生理恢复的作用。公园恢复性环境的主体是自然环境，前面的实证研究证实了自然性因子对散步、跑步等通过型的体力活动作用显著，在体力活动的过程中欣赏优美的自然风光，愉悦身心。而自然性因子对依托健身、娱乐设施和场地的活动影响不显著，同时这类活动容易与心理恢复的活动产生干扰，因此生理恢复维的设计意识基础和原则主要是动线诱发与场所诱发。

诱发指的是通过某一事件（物质）诱导引发另一事件（物质）。对于生理恢复来说，最重要的是通过公园的环境特征诱导引发居民自觉地参与到某些体力活动中。考虑到社区公园自身特征，这种诱发可以从两个层面进行思考。

1. 动线诱发

动线，除连接不同的场所和设施外，实际上也可以定义、区分各个区域并划分出其中一些地区的外形。动线可以理解为连接公园的路径以及公园内部的路径。动线诱发就是要通过路径的合理设计，诱发更多的通过型行为（如步行、跑步、骑车等）。加强公园内部路径与外部环境路径的连通性，增强整个社区步行路网的渗透性，将公园路径与社区居民上学通勤路径结合，公园环境更好地成为生活的一部分，对步行等通过型行为的诱发具有积极意义。连通性、渗透性良好的动线诱发，会使居民更倾向于从事散步、跑步等体力活动，产生更大的生理恢复作用。

2. 场所诱发

公园的体力活动环境能够促进居民相应的体力活动，这种场所性特征就是生理恢复维第二个层面的内容——场所诱发。实证研究证实，公园恢复性环境的活动性因子对动态型行为具有促进作用，活动性因子包括活动场地的数量、娱乐健身设施的数量和种类。因此场所诱发最重要的就是要提供多种体力活动的可能，要使居民尽可能自主地进行运动，就要提供形式多样且连续的活动场所，多样化的活动空间设计满足不同人群的需要。

考虑到自然环境对动态型行为模式的促进作用不显著，并且动态型行为的干扰性较大，因此场所诱发尤其要注意功能的合理分区。将自然环境较好的场所注重心理恢复的功能, 体力活动的诱发场所可以选择边界空间或者与静态型行为活动进行合理的分隔。由于公园使用人群广泛, 体力活动内容较多, 可以综合社区内多个社区公园, 进行功能的合理分配, 通过动线的联系构成整体, 形成动线—场所的诱发网络。

6.2.3　社交恢复维的设计意识基础和原则

社交恢复维指对社会交往和智力的恢复作用。主要表现社区公园恢复性环境能够对感官刺激唤起个体的好奇心, 从而引起对自然界的学习兴趣和学习动机, 同时可唤起好奇心, 增进沟通、观察力, 获得新知识、改善自我控制与解决问题的能力等方面, 通过这些方面的持续改善与增进, 能够促进居民的思考、理解、预测、推测、交流等能力。对于社交恢复维的设计意识基础和原则主要是多变性环境要素与多样化空间类型。

(1) 多变性环境要素。多变性环境要素指种类丰富、形态多变的环境要素, 能引发居民的好奇和探索心理。前面实证研究证实了丰富的植物种类、景观丰富有吸引力的环境感知都对居民恢复性效应具有促进作用。如公园蜿蜒曲折的园路、不断变幻的景色、隐藏的林下空间、丰富的植物种类等, 都能引发居民强烈的好奇心, 吸引走动的游人和穿行者不断探索。

(2) 多样化空间类型。社交恢复维中社会交往的促进是极为重要的层面。多样化空间类型为各类人群提供了一个共同交往、交流的理想场所, 对不同人群的交往产生积极的推动作用。前面论述了人群交往的距离有四种, 即亲密距离、个人距离、社交距离和公众距离, 因此, 公园恢复性环境的空间设计要尽可能地避免单调, 要进行多种多样的功能区的划分, 通过对景观元素的巧妙利用, 产生不同的空间类型, 同时满足感知性因子中不同空间感知的要求, 如私密性、氛围安静、吸引力、安全感、隐蔽性等的要求, 以适应不同人群交往活动的多样化需求。

6.3　社区公园恢复性环境空间优化策略

6.3.1　构建自然环境的感官全体验

基于文献理论基础以及前面的实证研究, 自然性因子是公园恢复性环境中最重要的特征因子。让居民在公园环境中更好地感知自然环境, 与自然性因子发生互动, 是优化恢复性环境最为重要的方面。由 2.3.3 节对环境感知方式的研究可知, 居民对环境的知觉体验主要有三种方式: 一是对环境形体的直观体验, 即视觉及其他感觉的感知; 二是在环境中的运动体验, 即时空感知、活动感知; 三是由环境的体验而产生的推理与联想, 即逻辑感知。这三种方式相辅相成, 互为交织, 是感知自然环境的重要方式。这种体验感知的主要途径是通过居民的视觉、触觉、听觉、嗅觉等发生作用, 基于此提出构建自然环境的感官全体验。

如图 6.3 所示, 通过构建自然环境的四种感官体验, 全方位地深入接触自然环境, 与恢复性环境特征中的自然因子发生互动, 产生良好的恢复性效应。

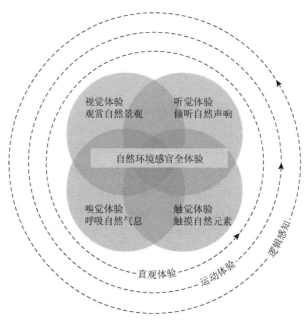

图 6.3　构建自然环境感官全体验

1. 视觉体验

视觉是人类获取信息的主要通道，视觉体验是所有体验中最为重要的体验途径。自然性因子中的植物种类和色彩、乔灌木数量、草坪覆盖面积、水景、地形，都是可以通过视觉进行体验，并发挥恢复性效应。

根据 4.3 节建立的社区公园环境恢复度的预测模型：恢复度 = 0.618×绿视率 + 0.398×水体面积 + 0.318×植物种类。对于居民视觉体验来说，自然性因子中的绿色植物（乔灌木和草坪）的面积、水景以及植物种类是最为重要的。研究也证实了当没有水体的情况下，绿视率应达到 45%以上，能够较好地满足居民的恢复性需求；而当环境中有能被明显感知的水体时，对恢复性效应具有极大的提升。

因此，对于视觉体验来说，要营造丰富多变的自然景观效果。在自然景观的设计中应注意乔灌木、草坪、水体等相结合，从纵向和横向两个方向同时进行自然景观的配置。植物种类应做到丰富的搭配，并注意绿色植物的比例应达到绿视率的要求。利用各种植物的不同色彩、形状、用途，合理地选取搭配出三季有花、四季常青的自然植物群落，营造出一个个舒适宜人、亲近自然的小空间。同时，还可以利用植物丰富的文化内涵，引发观景时的逻辑体验，如竹子代表气节、梅花代表傲骨、松柏代表长青等，居民通过观赏不同的植物，也会产生不同的联想，丰富自然环境中的视觉体验。

水体是十分重要的利于居民感知自然的要素。水体景观的形态十分丰富（图 6.4），可以形成面状形态，如自然或人工湖面、池塘等，比较开阔和平静，能够映射出天空与周边的景物；可以形成线状形态，如溪流、水渠等，比较蜿蜒和灵动，能够很好地组织与引导景观流线；可以形成点状形态，如喷泉、叠水等，比较多样和生动，能够引导视觉成为景观中心与视觉焦点。

图 6.4　水体景观的多种形态

2. 听觉体验

听觉在信息接收量上比视觉要少，直接性与快捷性都不如视觉，但能够对居民恢复性感受产生直接影响。听觉的环境包括两大类：第一类是使人悦耳的声音；第二类是人不爱听的声音。在社区公园环境中，主要存在的听觉环境包括自然环境声（如风声、水流声、鸟叫虫鸣等）和人工环境声（如音乐声、人群喧哗声、活动的声音等）。各种听觉感受表达环境的不同性质，烘托出不同的气氛，产生不同的恢复性效应。在前面的问卷调查中，受访者多次提到偏爱公园环境中的自然声音（如鸟鸣、水声、树叶沙沙声等），认为周边环境的噪声（如汽车喇叭声、人群喧闹声等）会影响在公园中的恢复性感受，特别是活动场地中的吵闹声会对居民休息和交往等活动产生干扰。

因此，对于听觉体验来说，要注意引入自然的声响，尽量避免或减轻人工噪声的干扰，具体策略如下。

（1）引入和加强具有显著正效益的自然声景。如在社区公园中有意识地提供鸟类和昆虫等小动物栖息的场所资源，营造更多活水景观（如叠水、小喷泉、溪流等），积极创造赏心悦耳的自然声景。

（2）引导和优化居民休闲活动产生的声景。社区公园中有些活动类型会产生较大的声音（如跳健身舞、多人参与的球类运动等），这些活动本身具有恢复性效果，但同时会对环境中其他活动类型产生声音干扰，影响恢复性效应，可以通过科学合理的场地规划、空间处理、声学技术等手段予以优化和引导，同时辅之以科学管理。

（3）设置具有恢复性效应的背景声改善空间声环境品质。如增加轻柔优美的背景音乐，通过发生装置模拟虫鸣鸟叫等引入积极的声景构成元素，间接弥补自然声不足的缺陷。

（4）利用树木屏蔽和弱化周围环境的喧嚣声。社区公园周围的城市环境噪声对恢复性效应具有负向作用，可以利用多层次绿化吸声减噪，屏蔽和弱化喧嚣声，充分发挥自然景观的恢复性效应。

3. 嗅觉和触觉体验

除视觉、听觉外，嗅觉、触觉等其他感觉体验也能强化和丰富社区公园环境的恢复性感受。

嗅觉指由化学气体刺激嗅觉感受器而引起的感觉，花卉、树叶、流动的水体等会带来芳香的气味、清新的空气，给人愉快的感受。触觉是我们通过皮肤接受空间外部刺激而得到的感觉。居民可以通过触摸植物的肌理、抚摸草坪、近距离碰触水面感受水温水流等，更加亲近自然，通过触觉给居民带来更加直接的感受。

从视觉、听觉、嗅觉和触觉等方面构建自然环境的感官全体验，对于充分发挥公园环境的恢复性效应具有积极作用。例如，哥本哈根市的哥伦比亚花园（Columbine Garden），位于游乐园蒂沃利公园（Tivoli Gardens）的中心区域，是典型的园中园。提供了一个慢节奏、精致小巧的空间，里面充满了香气、灯光、水雾与色彩（图6.5）[183]。花园中种植了黄水仙、白百合、大丽花、日本银莲花等，春夏交替开放；秋日里白蜡树金黄一片，是遮风纳凉的宜人之处；冬日红豆杉树篱深绿的色彩强化出与红色塑胶小径的颜色对比。柔软的塑胶小径让脚步慢下来，花园外铺装的碎石沙沙作响，花园中的小喷泉发出哗哗水声，仿佛被隔离在一个梦幻的庇护所。整个花园飘散着淡淡的香气，把自然的声音传送给人们，刺激人们视觉、触觉、嗅觉、听觉等感官的各种细微感受，让所有进入此花园的人都感觉得到感官的细微感受，从而让游园的经历仿佛是享受一场感官的盛宴。设计师所建构的自然空间成为一个梦想的场所，带给人们对自然的认知与享受，自然空间因人的感知而重获新生。

图6.5　哥伦比亚花园

资料来源：简书网。

6.3.2　支持行为活动的多类型空间环境

研究社区公园中行为模式的心理需求和行为特点,分析居民的活动特点与公园恢复性环境的关系,有助于在今后的公园环境中创造满足各种行为活动的更有恢复性效应的空间场所。本书通过实证研究为三种行为模式的空间特征和恢复性环境空间优化策略提供了参考性依据。

1. 模式 1——静态型行为模式的空间特征

通过第 5 章结构方程模型的分析,证实了静态型行为模式在社区公园恢复性环境与居民恢复性效应的关系中起中介作用,且相较于另外两种模式,其中介效应最大。说明社区公园恢复性环境的优化,需要着重考虑静态行为的空间特征以及环境要素对静态行为的支持与促进作用。研究表明,公园恢复性环境中的自然性因子、感知性因子和休息性因子对静态型行为模式具有显著的促进作用,且自然性因子的影响最大,其次是感知性因子,休息性因子最小。结合静态型行为模式的活动分类,获得与不同活动类型相适宜的空间特征,如表 6.2 所示。

表 6.2　社区公园与静态型行为模式相适宜的空间特征

静态型行为模式 活动类型	活动形式	空间类型	空间环境特征
放松和思考	静坐、看书、冥想、用餐、呼吸清新空气等	半私密性、私密性点状或面状空间	植物种类色彩丰富,乔灌木丰富,水景优美,地形起伏,环境幽静,私密性强有安全感,周围环境隐蔽
接触自然	欣赏自然美景、观赏动植物、听鸟鸣和水声等	所有空间	影响:自然性因子>感知性因子>休息性因子 |缓坡土丘的起伏地势,植物种类色彩丰富,乔灌木丰富,可亲近的水体景观,园路合理深入自然环境中,植被丰富,环境幽静有安全感,周围环境隐蔽
社会交往	聊天、聚会、打牌、喝茶等	开敞或半开敞线状或面状空间	以植物、建筑、水体为背景,面向开敞景观或活动区的空间,遮阴设施及休憩桌椅设施充足,舒适感好

2. 模式 2——动态型行为模式的空间特征

通过第 5 章结构方程模型的分析,证实了动态型行为模式在社区公园恢复性环境与居民恢复性效应的关系中起中介作用。说明社区公园恢复性环境的优化,需要考虑动态行为的空间特征以及环境要素对动态行为的支持与促进作用。研究表明,公园恢复性环境中的感知性因子和活动性因子对动态型行为模式具有显著的促进作用,且活动性因子的影响最大,其次是感知性因子。结合动态型行为模式的活动分类,获得与不同活动类型相适宜的空间特征,如表 6.3 所示。

表 6.3　社区公园与动态型行为模式相适宜的空间特征

动态型行为模式 活动类型	活动形式	空间类型	空间环境特征	
设施活动	如依托娱乐设施、健身设施的活动	开敞或半开敞的面状空间	影响:活动性因子>感知性因子	地势平缓,方便到达,有安全感,设有遮阴和休息设施
场地活动	如球类运动、舞蹈武术等健身活动	开敞的面状空间		地势平缓,有硬质铺装的适宜场地,场地周围休息设施充足
自由活动	如嬉戏玩耍、拍照、带小孩等活动	开敞的面状或线状空间		地面平坦,有硬质铺地和可进入软质草坪的适宜场地,休息设施充足

3. 模式3——通过型行为模式的空间特征

通过第5章结构方程模型的分析,证实了通过型行为模式在社区公园恢复性环境与居民恢复性效应的关系中起中介作用。说明社区公园恢复性环境的优化,需要考虑动态行为的空间特征以及环境要素对动态行为的支持与促进作用。研究表明,公园恢复性环境中的感知性因子、自然性因子和休息性因子对通过型行为模式具有显著的促进作用,且感知性因子的影响最大,其次是自然性因子,休息性因子最小。结合通过型行为模式的活动分类,获得与不同活动类型相适宜的空间特征,如表6.4所示。

表 6.4　社区公园与通过型行为模式相适宜的空间特征

通过型行为模式 活动类型	空间类型	空间环境特征	
散步	开敞、半开敞或私密性强的线状或面状空间	影响:感知性因子>自然性因子>休息性因子	地势平缓,园路畅通,景色优美,有必要的休息设施,设置明显标志物
跑步	开敞或半开敞的线状空间		地势平缓,园路畅通,软质铺地,景色优美,有必要的休息设施,设置明显标志物
因工作或生活需要而穿越公园	开敞或半开敞的线状或面状空间		地势平缓,园路畅通,景色优美,设置明显标志物

以上是满足三种行为模式的基本空间特征,对于公园恢复性环境的空间优化,还需要在其基本空间特征上,进一步针对恢复性环境的特征因子提出更加深入有针对性的优化策略。

(1)静态型与动态型行为空间的区分与结合。为满足居民多样化行为需求,公园内行为活动空间应丰富和多样,尽量创造具有吸引力的多功能、多层次的空间环境,不同行为活动之间也具有协同作用。同时,要有明确的动静分区。对于静态型的恢复性行为活动,安静静谧的环境有助于居民放松身心而不被人打扰,而动态型的恢复性行为活动一般带来的声音较大,会对静态型行为活动产生干扰。不同的行为活动也需要不同的空间感知,空间应从公共性空间到半私密性空间再到私密性空间之间建立合理的坡度。对互相干扰的活动进行合理的分区,使动态行为与静态行为之间和谐共处。

(2)满足居民的行为活动规律。居民访问公园的行为活动具有一定的时间规律,对居民的行为活动规律,应在社区公园规划中有意识地进行满足,以更好地发挥公园环境的恢复性效应。从居民活动的行为规律和时间规律上来看，由于社区公园与居住环境的紧密联系，居民对公园的使用频率较大，倾向于把社区公园作为全天候的休憩场所。社区公园恢复性环境的优化，要更关注与居民日常生活的恢复性行为活动、与居民的日常生活活动规律整合一体，更加关注居民日常活动的需求，提供更易接近更易每日展开的活动。并且要加强夜间照明等措施，方便居民夜间活动的开展。此外，积极的居民参与能够形成良好的信息反馈，使规划设计师与使用者之间建立起沟通的桥梁，为不断改善和优化公园恢复性环境提供动态建议。

（3）灵活机动的活动空间安排及多重利用。空间总是有限的，特别是对于面积较小的社区公园，所以对活动空间安排的灵活机动与多重利用十分必要，需要规划设计师和管理者的精心安排。根据不同类型的行为活动特点和所需空间环境特征，进行合理的分区和整合，营造丰富多样的空间环境满足居民的活动需求。按照传统的空间分区方式，可优化为按时间营造混合功能的空间。同样的空间按照不同的时间为不同人群活动所利用，增加公园恢复性环境发挥的效应。

6.3.3　塑造畅通可达的动线系统

优化原则里已提到动线诱发原则，即要通过路径的合理设计，诱发公园内更多的通过型行为（如步行、跑步、骑车等）。利用公园动线系统有效地整合空间，加强公园内部路径与外部环境路径的连通性，增加整个社区步行路网的渗透性。对于社区居民来说，不超过十分钟的步行是到达社区公园的理想方式，散步消遣或出门办事就能方便快速地到达或穿越公园。舒适安全的动线系统设计，良好的可达性能促进居民访问公园的机会。基于此，社区公园空间优化设计上不要仅仅停留在公园的半径和自身面积上，更应该把畅通可达的特性转换到对公园甚至整个社区动线系统的组织和创造上，使公园的路径与整个社区的步行系统连接起来，公园网络与居民的日常生活交织在一起。增加了居民访问和穿越公园的时间与频率，对于促进居民身心健康的恢复更加有意义。

6.3.4　强化公园边界空间的设计

社区公园恢复性环境既要求远离城市环境喧嚣，又要求吸引人们进入，因此公园的边界需要保持一定的开放度，同时还要保证公园的相对私密性。公园边界空间的设计不应简单地以封闭的围墙或栅栏加以隔离，而是要以开放形态为主，但是仍需要必要的空间划分与界定，将公园空间与周边环境独立开，增加一定的围合感。能够适当地隔绝城市环境的干扰，让居民处在恢复性环境中，达到一种解放和摆脱现实生活的感觉。同时社区公园又是与居民日常生活紧密结合的空间，要能够让居民视线穿透进公园却又不能一眼望尽。边界上入口的设置要与公园外围空间的布置相契合，与居民的交通流线相融合，加强边界的分隔，减少车辆交通以及城市噪声的干扰。此外，边界空间的设计还要增加其环境可识别性，让居民能够很轻易地察觉到公园的存在，吸引厌倦城市生活的疲惫人群。可识别性的元素以自然环境为主，种类、色彩、质感丰富的植物配置增强公园环境景观的吸引力，各个入口的植物景观和铺地的设计不仅要吸引居民的目光，还要营造愉悦而富有生机的氛围。

6.3.5 加强城市规划对健康恢复的主动式干预

人们日常生活的行为活动与健康状况有着密切的关系，虽然健康主要还是由个人特性和行为的内在因素决定，但是，人类遗传基因的改变在短期内不可能如此迅速。减少精神疾病与慢性病发生、遏止精神疾病与慢性病早发趋势，实现医学模式由治疗为主，向预测、预防为主转变的策略与途径，已成为全人类共同面对的重要科学问题。现代社会医学的进步使许多流行性疾病得到有效控制，而面对现代城市环境问题所带来城市人群心理疾病的问题，不能仅仅局限在医疗方面的健康，而应从城市环境的角度来帮助人们促进健康。研究证实社区公园恢复性环境对居民的身心健康恢复有着正向作用，因此，规划设计师应该在城市公园的规划设计中将城市环境对健康的主动式干预作为规划的新思路，加强从居民身心健康恢复方面思考城市人居环境设计。

结合研究结果，从社区公园恢复性环境的特征与影响机制出发，扩展社区公园恢复性环境思维的应用领域，创造有利于城市居民健康恢复的城市开放空间环境，探索研究规划实施管理中的政策引导方法。从城乡规划学、城市绿地系统以及城市公园规划设计等领域提出基于人群健康恢复的角度下规划构思并用于实践，从而实现对人群健康的主动式干预。

第7章 研究结论与展望

7.1 主要研究结论

本书从城市居民健康恢复的角度出发,主要以关注居民心理健康和亚健康状态为出发点,以恢复性环境相关理论为视角,应对现代城市环境引发的居民健康问题,系统研究社区公园恢复性环境的特征和影响机制。得到以下结论。

(1)社区公园恢复性环境是环境与行为等要素相互作用形成的复合体系,通过社区公园恢复性环境要素与社区公园恢复性行为要素的互动作用而产生居民恢复性效应。

社区公园恢复性环境体系运行结果所呈现的基本特征为居民恢复性效应,并体现了心理恢复、生理恢复和社交恢复三个维度;体系要素构成包括社区公园恢复性环境要素和社区公园恢复性行为要素两个主要部分;体系的运行机理源于环境要素与行为要素二者的互动作用,其实现路径主要来自于社区公园环境要素对社区公园恢复性行为要素的影响,从而产生居民恢复性效应。社区公园恢复性环境影响机制构成包括三个组成部分:现象,居民恢复性效应;实体,社区公园恢复性环境影响因素;活动,社区公园恢复性环境影响路径。通过中介变量(居民行为模式)来解释社区公园恢复性环境影响机制系统中因果关系的影响路径,揭示影响机制系统的运作特征。构建了社区公园恢复性环境与居民恢复性效应因果关系的理论模型。

(2)居民行为模式是社区公园恢复性环境影响机制构成中重要的实体组成部分。社区公园环境的恢复性效应与居民在社区公园环境中的行为密切相关,其行为模式可以归纳为静态型行为模式、动态型行为模式以及通过型行为模式。

社区公园环境对居民恢复需求的实现途径即通过恢复行为的发生促进健康。研究对重庆市主城区的动步公园、模范村社区公园、万友七季城(A区)住区公园进行实地调查,进行了恢复行为提取和特征分析,基于研究成果并结合文献研究对社区公园恢复性行为要素进行了合理分类,将居民在社区公园环境中的恢复行为模式分为静态型行为模式、动态型行为模式和通过型行为模式三种类型。

(3)社区公园恢复性环境是社区公园恢复性环境影响机制构成中重要的实体组成部分。社区公园恢复性环境特征因子包括自然性因子、感知性因子、设计性因子和环境性因子。

通过对重庆市四个社区公园进行问卷调查,采用主成分分析法进行因子分析,结果显示,社区公园恢复性环境特征主要包括自然性因子、感知性因子、休息性因子和活动性因子四个公共因子。其中自然性因子在总方差中的贡献率最大,感知性因子、休息性因子和活动性因子的贡献率依次减少。

(4)对社区公园恢复性物理环境特征因子进行定量化评价,建立了社区公园环境恢复度的预测模型为:恢复度 = 0.618×绿视率 + 0.398×水体面积 + 0.318×植物种类。确定物理环境特征因子与心理环境特征因子以及恢复性效应之间的相关关系。

本书选择重庆市主城区内 20 个社区公园作为研究地点采集样本照片,筛选出 25 张照片样本测试使用。获取了表示社区公园恢复性效应评价的心理反应因子指标、表示社区公园环境状况的心理环境特征因子指标和物理环境特征因子指标。采用照片方格法进行社区公园物理环境的量化,照片测试法进行社区公园心理环境的打分。采用相关性分析和回归分析对数据进行处理。得到社区公园心理环境特征因子和公园物理环境因子之间的关系,以及与恢复性效应之间的关系。通过对恢复度与偏好度的评价值比较,得出恢复度与偏好度的变化趋势大致一样,说明居民喜欢的环境也具有好的恢复性效应。并建立恢复度模型社区公园环境恢复度的预测模型:恢复度 = 0.618×绿视率 + 0.398×水体面积 + 0.318×植物种类。该模型可用于社区公园环境恢复度的评价和比较。

采用 SPSS 22.0 软件做 Pearson(皮尔逊)相关性分析,得出单个物理环境特征因子与恢复度的关系,各特征因子与恢复度间的关系强弱依次为绿视率>植物种类>乔灌木面积>活动场地面积>水体面积>周边元素面积。其中,乔灌木面积、水体面积、植物种类、绿视率呈正相关;而周边元素面积、活动场地面积呈负相关。

(5)总结出满足恢复性需求的环境特征主要为自然性特征、距离感特征、魅力性特征和私密性特征。

根据恢复性环境特征因子分析和定量化评价,总结出如下的满足恢复性需求的环境特征。

①自然性特征:社区公园环境的自然性特征是满足居民恢复性需求最主要的特征。研究表明,自然景观(如花草、乔木、灌木和水体等)的色彩、种类和数量在公园恢复度的评价中具有非常高的价值,相应地,非自然景观(如硬质铺装、活动场地)面积与恢复度呈负相关关系。研究建立的公园环境恢复度的预测方程保留的三个特征因子都归属于自然性因子,影响权重从大到小依次为绿视率(0.618)>水体面积(0.398)>植物种类(0.318)。其中绿视率对公园环境的恢复度具有极其重要的影响,在公园环境中,当没有水体时,绿视率应达到45%以上,能够较好地满足居民的恢复性需求。

②距离感特征:公园的物质环境特征直接影响了居民对距离感的评价,与距离感相关的物理环境特征因子中,影响力权重从大到小依次为周边元素面积(0.687)>绿视率(0.553)>植物种类(0.453)>乔灌木面积(0.439)>活动场地面积(0.393)>地形(0.360)>硬质铺装面积(0.341),其中起正向作用的因子是乔灌木面积、植物种类、地形、绿视率;起负向作用的因子是硬质铺装面积、周边元素面积、活动场地面积。

③魅力性特征:公园的物质环境特征直接影响了居民对魅力性的评价,与魅力性相关的物理环境特征因子中,影响力权重从大到小依次为植物种类(0.554)>水体面积(0.503)>活动场地面积(0.446)>绿视率(0.415)>乔灌木面积(0.376)>硬质铺装面积(0.347),其中起正向作用的因子是绿视率、水体面积、植物种类、乔灌木面积;起负向作用的因子是硬质铺装面积、活动场地面积。

④私密性特征:公园的物质环境特征直接影响了居民对私密性的评价,与私密性相关的物理环境特征因子中,影响权重从大到小依次为乔灌木面积(0.599)>活动场地面积(0.585)>绿视率(0.579)>植物种类(0.527)>娱乐健身设施面积(0.426)>硬质铺装面积(0.380),其中起正向作用的因子是乔灌木面积、植物种类、绿视率;起负向作用

的因子是硬质铺装面积、活动场地面积、娱乐健身设施面积。

（6）社区公园恢复性环境影响路径是影响机制构成中的活动。通过建立影响路径解释框架，证实了居民行为模式在社区公园恢复性环境与居民恢复性效应的关系中起中介作用。

以前面建立的理论模型为基础，以社区公园恢复性环境对居民恢复性效应的影响路径为构架建立社区公园恢复性环境影响机制概念框架，框架包括社区公园恢复性环境对居民恢复性效应的影响因素和构成维度。通过实证研究证实了研究提出的绝大部分假设，证实了社区公园恢复性环境对居民行为模式（静态型行为模式、动态型行为模式和通过型行为模式）产生正向影响，居民行为模式对居民恢复性效应产生正向影响，居民行为模式在社区公园恢复性环境与居民恢复性效应的关系中起中介作用。

（7）基于影响机制、关键影响因素和主要行为模式构成社区公园产生恢复性效应的解释框架，对社区公园恢复性环境四个维度的影响路径和效应进行解析。

①维度 1：自然性因子在社区公园恢复性环境的四个维度中，对恢复性效应的总效应值最高，为 0.533。自然性因子对居民恢复性效应的影响路径有三条，存在直接作用和间接作用，在间接作用中，含有中介作用的两条影响路径分别是路径 1（自然性因子→静态型行为模式→恢复性效应）和路径 2（自然性因子→通过型行为模式→恢复性效应）。

②维度 2：感知性因子对恢复性效应的总效应值 0.487，仅次于自然性因子。感知性因子对居民恢复性效应的影响路径有四条，存在直接作用和间接作用，在间接作用中，包含三条中介作用的影响路径，含有中介作用的三条影响路径分别是路径 1（感知性因子→静态型行为模式→恢复性效应）、路径 2（感知性因子→动态型行为模式→恢复性效应）和路径 3（感知性因子→通过型行为模式→恢复性效应）。

③维度 3：休息性因子对恢复性效应的总效应值 0.412，在公园恢复性环境的四个维度中排第三位。休息性因子对居民恢复性效应的影响路径有三条，存在直接作用和间接作用，在间接作用中，含有中介作用的两条影响路径分别是路径 1（休息性因子→静态型行为模式→恢复性效应）和路径 2（休息性因子→通过型行为模式→恢复性效应）。

④维度 4：活动性因子对恢复性效应的总效应值 0.373，在公园恢复性环境的四个维度中排第四位，活动性因子的恢复性效应较低。活动性因子对居民恢复性效应的影响路径有两条，存在直接作用和间接作用，在间接作用中，含有中介作用的一条影响路径是路径 1（活动性因子→动态型行为模式→恢复性效应）。

（8）构建社区公园恢复性环境空间设计要素的网格，提出了社区公园恢复性环境空间优化的思考意识和原则，以及空间优化策略。

根据社区公园恢复性环境形成维度和影响机制构建社区公园恢复性环境结构体系，体系包含两个层面：基于社区公园居民行为模式的功能体系与基于社区公园恢复性环境的空间景观体系，人与公园环境互动产生有恢复效应价值的结合点要素。结构体系建立在两个层面关联耦合形成的恢复效应结合点要素基础上，形成社区公园恢复性环境空间设计要素的网格。

从社区公园恢复性环境形成的三个维度（心理恢复维、生理恢复维、社交恢复维）来解析社区公园环境设计的意识基础和原则。并据此提出空间优化策略：构建自然环境的感官全体验；支持行为活动的多类型空间环境；满足人群的多样化感知需求；塑造畅通可达的动线系统；强化社区公园边界空间的设计；注重社会环境对健康恢复的主动式干预。最后，将上述思考意识、原则和策略，以及根据实证分析与相关文献案例抽象建构理想化的空间模型，进而描绘满足社区居民恢复性需求的社区公园环境空间模式。

7.2　主要创新点

（1）提出了从社区公园环境引导行为以解决城市居民健康问题的观点，为解决当今城市健康问题和探索健康人居环境模式提供了新的思路。

现代城市转型过程中，社会竞争加剧、工作学习与生活压力加大、现代城市生活远离自然环境，导致城市居民难以寻找恢复身心健康的适当空间与场所，这些因素对居民的心理和生理健康方面有负面的影响。恢复性环境作为对健康有益的环境，能够更好地应对居民健康问题的多样性和复杂性。运用恢复性环境的概念及其相关理论基础，探索社区公园环境对居民身心健康恢复的影响，通过恢复性环境的营造引导健康的生活方式和恢复行为，建立包括社区公园恢复性环境优化原则、优化策略的理论框架。为加强社区公园环境对健康的主动式干预，探索健康生活方式的空间互动模式，改善人居环境质量，优化城市居民生活品质，丰富与完善恢复性环境科学体系提供了新的思路。

（2）从居民行为模式的视角构建了社区公园恢复性环境影响机制的理论模型，揭示了社区公园恢复性环境体系运行的内在规律。

本书将环境与行为之间的关系作为一个整体进行研究，解决环境因素与人之间具有的因果关系和理论性问题。社区公园恢复性环境的核心概念就是要构建一个具有恢复性效应的环境，通过影响人们的心理和生理，达到身心恢复的效果。在新的社会、历史条件下，深入研究社区公园环境与其使用人群之间的关系，探索人与环境的相互影响的内在机制，探索公园中环境—行为的积极互动，深入理解社区公园环境中发生的活动、事件及人群互动，进而探讨问题的本质。本书将居民行为模式作为中介变量引入社区公园环境促进居民健康恢复的因果关系中，并构建了社区公园恢复性环境影响机制的理论模型及研究框架。解读归纳出在社区公园恢复性环境形成过程中，公园恢复性环境特征作用于居民行为模式的内在原理。通过中介变量（居民行为模式）来解释自变量和因变量关系的影响机制，这也是本书研究视角的重要切入点。

根据研究框架构建社区公园恢复性环境影响机制的结构方程模型，根据结构方程模型路径分析和中介作用检验社区公园环境产生恢复性效应的关键影响因素及其影响效应，基于影响机制、关键影响因素与主要行为模式构成社区公园产生恢复性效应的解释框架。结构方程模型的方法弥补了传统分析方法中，对于只能处理单个因变量、不允许自变量和因变量含有测量误差、不能同时顾及因子间结构和因子间关系、不具备弹性模型设定等不足。具有在一个模型中同时处理因素的测量关系和因素间的结构关系等诸多优点。所建立的社区公园恢复性环境影响路径解释框架，为评价和营造满足人群恢复性需求的环境提供了新的理论基础与研究框架。

（3）提出了社区公园恢复性环境特征的定量化评价方法，建立了社区公园环境恢复度的预测模型。

将照片测量法、美景度评价法引入社区公园研究领域，从居民的恢复性体验和对环境的心理反应角度，进行社区公园恢复性心理环境特征因子与居民恢复性效应的主观测量，从而对社区公园恢复性物理环境特征因子进行定量化评价，构建评价体系，确定物理环境特征因子与心理环境特征因子以及恢复性效应之间的相关关系，建立了社区公园环境恢复度的预测模型，实现了非量化因素的可量化研究。利用定性与定量相结合的现代数学决策分析方法对社区公园恢复性环境分析研究，对社区公园环境恢复度的评价和比较具有重要的理论与实践意义，有效推进了社区公园恢复性环境的相关研究。

7.3　研 究 展 望

未来将可能在如下四个方面展开进一步的研究探索。

（1）量化维度扩展：本书在社区公园物理环境要素量化上主要是从视觉体验的角度提炼要素，今后研究将进一步对量化的维度进行扩展，对于环境中存在的听觉、嗅觉、触觉等要素的恢复性体验进行进一步量化分析。

（2）实证分析扩展：将建构的实证分析框架运用于更多案例城市，更广泛地开展不同城市社区公园中居民行为活动和恢复性效应的数据采集与统计分析工作，进一步验证及修正本书提出的社区公园恢复性环境特征因子组成、影响机制与影响路径解释框架。

（3）空间优化实施：将优化策略和空间模式运用于具体的社区公园环境规划设计实践中，通过实践项目反馈不断强化对社区公园恢复性环境的优化和修正。

（4）学科纵深拓展：将行为空间和物质空间结构研究上升至政治经济学、公共管理学等学科高度，更加深层次地寻求对恢复性环境形成过程背后的制度及社会背景原因的解释，扩展社区公园恢复性环境思维的学术应用领域，探索研究规划实施管理中的政策引导方法。

参 考 文 献

[1]   VELARDE M D，FRY G，TVEIT M. Health effects of viewing landscapes-landscape types in environmental psychology[J]. Urban Forestry and Urban Greening，2007，6（4）：199-212.

[2]   谭少华，郭剑锋，赵万民. 城市自然环境缓解精神压力和疲劳恢复研究进展[J]. 地域研究与开发，2010，29（4）：55-60.

[3]   谭少华，郭剑锋，江毅. 人居环境对健康的主动式干预：城市规划学科新趋势[J]. 城市规划学刊，2010，4：66-70.

[4]   季浏. 体育锻炼与心理健康[M]. 上海：华东师范大学出版社，2006.

[5]   BURKE J，O'CAMPO P，SALMON C，et al. Pathways connecting neighborhood influences and mental well-being: Socioeconomic position and gender differences[J]. Social Science and Medicine，2009，68（7）：1294-1304.

[6]   HANSMANN R，HUG S，SEELAND K. Restoration and stress relief through physical activities in forests and parks[J]. Urban forestry and Urban Greening，2007，6（4）：213-225.

[7]   中国科学院. 科技革命与中国的现代化[M]. 北京：科学出版社，2009.

[8]   骆天庆，夏良驹. 美国社区公园研究前沿及其对中国的借鉴意义——2008—2013 Web of Science 相关研究文献综述[J]. 中国园林，2015（12）：35-39.

[9]   NEIMAN A. Urbanization and Health: Examining Associations Among Neighborhood Design，Safety and Quality of Life[M]. Chicago：University of Illinois，2009.

[10]   张庭伟，RICHARD L. 后新自由主义时代中国规划理论的范式转变[J]. 城市规划学刊，2009（5）：1-13.

[11]   刘正莹，杨东峰. 为健康而规划：环境健康的复杂性挑战与规划应对[J]. 城市规划学刊，2016（2）：104-110.

[12]   DUHL L. Healthy cities and the built environment[J]. Built Environment，2005，31（4）：356-361.

[13]   FORSYTH A，LOTTERBACK S C，KRIZEK K，等. 健康影响评估（HIA）对于规划师来说，有用的工具是什么?[J]. 城市规划学刊，2015（5）：119-120.

[14]   李道增. 环境行为学概论[M]. 北京：清华大学出版社，1999.

[15]   拉特利奇. 大众行为与公园设计[M]. 王求是，高峰，译. 北京：中国建筑工业出版社，2009.

[16]   泰特. 城市公园设计[M]. 周玉鹏，肖季川，朱清模，译. 北京：中国建筑工业出版社，2005.

[17]   CHIESURA A. The role of urban parks for the sustainable city[J]. Landscape and Urban Planning，2004，68（1）：129-138.

[18]   车生泉. 城市绿地景观结构分析与生态规划[M]. 南京：东南大学出版社，2003.

[19]   陈圣泓. 工业遗址公园[J]. 中国园林，2008，24（2）：1-8.

[20]   戴学锋. 公园本义——园林化城市的梦想[J]. 中国园林，2003，19（7）：26-28.

[21]   BYRNE J A. The role of race in configuring park use: A political ecology perspective[D]. Los Angeles：University of Southern California，2007.

[22]   董观志，李立志. 近十年来国内主题公园研究综述[J]. 商业研究，2006（4）：16-20.

[23]   韩旭. 深圳市城市公园特征及衍化研究[D]. 广州：中山大学，2008.

[24]   马库斯，弗朗西斯. 人性场所：城市开放空间设计导则[M]. 俞孔坚，等，译. 北京：中国建筑工业出版社，2001.

[25] 张天洁，李泽. 从人工美化走向景观协同——解析新加坡社区公园的发展历程[J]. 建筑学报，2012（10）：26-31.

[26] 居继红，王云. 居住区公园建设思考[J]. 上海交通大学学报（农业科学版），2002，20（1）：49-52.

[27] KOOHSARI M J, KACZYNSKI A T, GILES-CORTI B, et al. Effects of access to public open spaces on walking: Is proximity enough?[J]. Landscape and Urban Planning, 2013, 117（3）：92-99.

[28] DAHMANN N, WOLCH J, JOASSART-MARCELLI P, et al. The active city? Disparities in provision of urban public recreation resources[J]. Health and Place, 2010, 16（3）：431-445.

[29] 郭永锐，张捷，卢韶婧，等. 旅游者恢复性环境感知的结构模型和感知差异[J]. 旅游学刊，2014，29（2）：93-102.

[30] ULRICH R S, SIMONS R F, LOSITO B D, et al. Stress recovery during exposure to natural and urban environments[J]. Journal of Environmental Psychology, 1991, 11（3）：201-230.

[31] HARTIG T, MANG M, EVANS G W. Restorative effects of natural environment experiences[J]. Environment and Behavior, 1991, 23（1）：3-26.

[32] ULRICH R S. Visual landscapes and psychological well-being[J]. Landscape Research, 1979, 4（1）：17-23.

[33] KORPELA K M, KLEMETTILÄ T, HIETANEN J K. Evidence for rapid affective evaluation of environmental scenes[J]. Environment and Behavior, 2002, 34（5）：634-650.

[34] HIETANEN J K, KLEMETTILÄ T, KETTUNEN J E, et al. What is a nice smile like that doing in a place like this? Automatic affective responses to environments influence the recognition of facial expressions[J]. Psychological Research, 2007, 71（5）：539-552.

[35] HIETANEN J K, KORPELA K M. Do both negative and positive environmental scenes elicit rapid affective processing?[J]. Environment and Behavior, 2004, 36（4）：558-577.

[36] 张圆. 城市公共开放空间声景的恢复性效应研究[D]. 哈尔滨：哈尔滨工业大学，2016.

[37] HARTIG T, EVANS G W, JAMNER L D, et al. Tracking restoration in natural and urban field settings[J]. Journal of Environmental Psychology, 2003, 23（2）：109-123.

[38] BERTO R. Exposure to restorative environments helps restore attentional capacity[J]. Journal of Environmental Psychology, 2005, 25（3）：249-259.

[39] 王晓博. 以医疗机构外部环境为重点的康复性景观研究[D]. 北京：北京林业大学，2012.

[40] GRAHN P, STIGSDOTTER U K. The relation between perceived sensory dimensions of urban green space and stress restoration[J]. Landscape and Urban Planning, 2010, 94（3）：264-275.

[41] ULRICH R. View through a window may influence recovery[J]. Science, 1984, 224（4647）：224-225.

[42] KAPLAN S. The restorative benefits of nature: Toward an integrative framework[J]. Journal of Environmental Psychology, 1995, 15（3）：169-182.

[43] MAAS J, VERHEIJ R A. Are health benefits of physical activity in natural environments used in primary care by general practitioners in The Netherlands?[J]. Urban Forestry and Urban Greening, 2007, 6（4）：227-233.

[44] GESLER W M. Therapeutic landscapes: Theory and a case study of Epidauros, Greece[J]. Environment and Planning D, 1993, 11（2）：171-189.

[45] 雷艳华，金荷仙，王剑艳. 康复花园研究现状及展望[J]. 中国园林，2011，27（4）：31-36.

[46] 李欢. 城市公共绿地对人群身心健康的影响研究[D]. 重庆：重庆大学，2011.

[47] GRAHN P, STIGSDOTTER U A. Landscape planning and stress[J]. Urban Forestry and Urban Greening, 2003, 2（1）：1-18.

[48] 彭慧蕴，谭少华. 城市公园环境的恢复性效应影响机制研究——以重庆为例[J]. 中国园林，2018，34（9）：5-9.

[49] NIELSEN T S, HANSEN K B. Do green areas affect health? Results from a Danish survey on the use of green areas and health indicators[J]. Health and Place, 2007, 13（4）: 839-850.

[50] 徐磊青. 恢复性环境、健康和绿色城市主义[J]. 南方建筑, 2016（3）: 101-107.

[51] KORPELA K M, YLÉN M, TYRVÄINEN L, et al. Determinants of restorative experiences in everyday favorite places[J]. Health and Place, 2008, 14（4）: 636-652.

[52] NORDH H, HARTIG T, HAGERHALL C M, et al. Components of small urban parks that predict the possibility for restoration[J]. Urban Forestry and Urban Greening, 2009, 8（4）: 225-235.

[53] PESCHARDT K K, STIGSDOTTER U K. Associations between park characteristics and perceived restorativeness of small public urban green spaces[J]. Landscape and Urban Planning, 2013, 112: 26-39.

[54] BEDIMO-RUNG A L, MOWEN A J, COHEN D A. The significance of parks to physical activity and public health: A conceptual model[J]. American Journal of Preventive Medicine, 2005, 28（2）: 159-168.

[55] WEIGAND L R. Active recreation in parks: Can park design and facilities promote use and physical activity?[D]. Portland: Portland State University, 2007.

[56] PAQUET C, ORSCHULOK T P, COFFEE N T, et al. Are accessibility and characteristics of public open spaces associated with a better cardiometabolic health?[J]. Landscape and Urban Planning, 2013, 118: 70-78.

[57] MACINTYRE S, MACDONALD L, ELLAWAY A. Lack of agreement between measured and self-reported distance from public green parks in Glasgow, Scotland[J]. International Journal of Behavioral Nutrition and Physical Activity, 2008, 5（1）: 26.

[58] SCHIPPERIJN J, BENTSEN P, TROELSEN J, et al. Associations between physical activity and characteristics of urban green space[J]. Urban Forestry and Urban Greening, 2013, 12（1）: 109-116.

[59] LACHOWYCZ K, JONES A P. Towards a better understanding of the relationship between greenspace and health: Development of a theoretical framework[J]. Landscape and Urban Planning, 2013, 118: 62-69.

[60] GILES-CORTI B, BROOMHALL M H, KNUIMAN M, et al. Increasing walking: How important is distance to, attractiveness, and size of public open space?[J]. American Journal of Preventive Medicine, 2005, 28（2）: 169-176.

[61] KACZYNSKI A T, POTWARKA L R, SMALE B J, et al. Association of parkland proximity with neighborhood and park-based physical activity: Variations by gender and age[J]. Leisure Sciences, 2009, 31（2）: 174-191.

[62] PESCHARDT K K, STIGSDOTTER U K, SCHIPPERRIJN J. Identifying features of pocket parks that may be related to health promoting use[J]. Landscape Research, 2016, 41（1）: 79-94.

[63] HITCHINGS R. Studying the preoccupations that prevent people from going into green space[J]. Landscape and Urban Planning, 2013, 118: 98-102.

[64] ROBINSON N. The Planting Design Handbook[M]. Britain: Ashgate Publishing, 2004.

[65] DEE C. Form and Fabric in Landscape Architecture: A Visual Introduction[M]. New York: Spoon Press, 2001.

[66] NORDH H, ØSTBY K. Pocket parks for people—A study of park design and use[J]. Urban Forestry and Urban Greening, 2013, 12（1）: 12-17.

[67] ALVARSSON J J, WIENS S, NILSSON M E. Stress recovery during exposure to nature sound and environmental noise[J]. International Journal of Environmental Research and Public Health, 2010, 7（3）: 1036-1046.

[68] PATHAK V, TRIPATHI B D, MISHRA V K. Dynamics of traffic noise in a tropical city Varanasi and its abatement through vegetation[J]. Environmental Monitoring and Assessment, 2008, 146（1-3）: 67-75.

[69] DING Y, ZHOU J, LI H, et al. Investigation of traffic noise attenuation provided by tree belts [J].

Highway，2004，12：204-208.

[70] PASHA S，SHEPLEY M M. Research note：Physical activity in pediatric healing gardens[J]. Landscape and Urban Planning，2013，118：53-58.

[71] 贾艳艳，朴永吉. 女性对公园景观空间评价的因子分析[J]. 中国园林，2013（6）：77-81.

[72] BIRD C E，RIEKER P P. Gender and Health: The Effects of Constrained Choices and Social Policies[M]. Cambridge：Cambridge University Press，2008.

[73] STAFFORD M，CUMMINS S，MACINTYRE S，et al. Gender differences in the associations between health and neighbourhood environment[J]. Social Science and Medicine，2005，60（8）：1681-1692.

[74] MCCORMACK G R，ROCK M，SANDALACK B，et al. Access to off-leash parks，street pattern and dog walking among adults[J]. Public Health，2011，125（8）：540-546.

[75] CUTT H，GILES-CORTI B，KNUIMAN M，et al. Dog ownership，health and physical activity：A critical review of the literature[J]. Health and Place，2007，13（1）：261-272.

[76] SCOTT D，JACKSON E L. Factors that limit and strategies that might encourage people's use of public parks[J]. Journal of Park and Recreation Administration，1996，14（1）：1-17.

[77] 祝昊冉，冯健. 北京城市公园的等级结构及其布局研究[J]. 城市发展研究，2008（4）：76-83.

[78] TUCKER P，GILLILAND J. The effect of season and weather on physical activity：A systematic review[J]. Public Health，2007，121（12）：909-922.

[79] BJÖRK J，ALBIN M，GRAHN P，et al. Recreational values of the natural environment in relation to neighbourhood satisfaction，physical activity，obesity and wellbeing[J]. Journal of Epidemiology and Community Health，2008，62（4）：e2.

[80] HANDY S L. Regional versus local accessibility：Neo-traditional development and its implications for non-work travel[J]. Built Environment，1992：253-267.

[81] MCCORMACK G R，ROCK M，TOOHEY A M，et al. Characteristics of urban parks associated with park use and physical activity：A review of qualitative research[J]. Health and Place，2010，16（4）：712-726.

[82] 鲁斐栋，谭少华. 建成环境对体力活动的影响研究：进展与思考[J]. 国际城市规划，2015（2）：62-70.

[83] 彭慧蕴，谭少华. 城市公园绿地健康影响机制的概念框架建构[C]. 共享与品质——2018 中国城市规划年会论文集（13 风景环境规划），2018.

[84] SCHIPPERIJN J，EKHOLM O，STIGSDOTTER U K，et al. Factors influencing the use of green space：Results from a Danish national representative survey[J]. Landscape and Urban Planning，2010，95（3）：130-137.

[85] 罗尔斯顿. 环境伦理学：大自然的价值以及人对大自然的义务[M]. 杨通进，译. 北京：中国社会科学出版社，2000.

[86] 谭少华，李进. 城市公共绿地的压力释放与精力恢复功能[J]. 中国园林，2009（6）：79-82.

[87] 谭少华，赵万民. 城市公园绿地社会功能研究[J]. 重庆建筑大学学报，2007，29（5）：6-10.

[88] 姜斌，张恬，苏利文，等. 健康城市：论城市绿色景观对大众健康的影响机制及重要研究问题[J]. 景观设计学，2015（1）：24-35.

[89] 章俊华，刘玮. 园艺疗法[J]. 中国园林，2009（7）：19-23.

[90] 李树华，张文秀. 园艺疗法科学研究进展[J]. 中国园林，2009（8）：19-23.

[91] 杨欢，刘滨谊. 传统中医理论在康健花园设计中的应用[J]. 中国园林，2009（7）：13-18.

[92] 房城，王成，郭二果，等. 城市绿地与城市居民健康的关系[J]. 东北林业大学学报，2010，38（4）：114-116.

[93] 应君. 城市绿地对人类身心健康影响之研究[D]. 南京：南京林业大学，2007.

[94] SALLIS J F，OWEN N，FOTHERINGHAM M J. Behavioral epidemiology：A systematic framework to

classify phases of research on health promotion and disease prevention[J]. Annals of Behavioral Medicine，2000，22（4）：294-298.

[95] 宋勇. 基于环境行为理论下绿道的使用后评价[D]. 雅安：四川农业大学，2012.

[96] 吕红. 城市公园游憩活动与其空间关系的研究[D]. 泰安：山东农业大学，2013.

[97] 拉普卜特. 建成环境的意义：非言语表达方法[M]. 黄兰谷，等，译. 北京：中国建筑工业出版社，2003：15-16.

[98] 西出和彦. 人体隐含着的量度——人类环境设计的行为基础[J]. 建筑学报，2009（7）：16-18.

[99] 盖尔. 交往与空间[M]. 何人可，译. 北京：中国建筑工业出版社，2002.

[100] GOLIČNIK B，THOMPSON C W. Emerging relationships between design and use of urban park spaces[J]. Landscape and Urban Planning，2010，94（1）：38-53.

[101] GRAHN P，MAARTENSSON F，LINDBLAD B，et al. Outdoors at day nurseries. Layout of playgrounds and its effect on play，motor function and power of concentration[J]. Stad and Land，1997（145）：111.

[102] WELLS N M. At home with nature effects of "greenness" on children's cognitive functioning[J]. Environment and Behavior，2000，32（6）：775-795.

[103] 房城. 城市绿地的使用与城市居民健康的关系初探[D]. 北京：北京林业大学，2008.

[104] 王保忠，王彩霞，何平，等. 城市绿地研究综述[J]. 城市规划学刊，2004（2）：62-68.

[105] HARTIG T，KORPELA K，EVANS G W，et al. Validation of a measure of perceived environmental restorativeness[J]. Göteborg Psychological Reports，1996，26（1）：64.

[106] HAN K T. A reliable and valid self-rating measure of the restorative quality of natural environments[J]. Landscape and Urban Planning，2003，64（4）：209-232.

[107] 韦伯斯特，沙卡，墨尔本，等. 绿色等于健康？建立高密度健康城市研究的实证基础[J]. 景观设计学，2015（1）：8-23.

[108] 吴忠观. 人口科学辞典[M]. 成都：西南财经大学出版社，1997.

[109] KAPLAN S. A model of person-environment compatibility[J]. Environment and Behavior，1983，15（3）：311-332.

[110] 苏谦，辛自强. 恢复性环境研究：理论、方法与进展[J]. 心理科学进展，2010，18（1）：177-184.

[111] 中国社会科学院语言研究所词典室. 现代汉语词典[M]. 5版. 北京：商务印书馆，2005.

[112] 付道领. 初中生体育锻炼行为的影响因素及作用机制研究[D]. 重庆：西南大学，2012.

[113] GLENNAN S S. Mechanisms and the nature of causation[J]. Erkenntnis，1996，44（1）：49-71.

[114] 吴昊雯. 基于行为注记法的公园使用者时空分布与环境行为研究——以杭州为例[D]. 杭州：浙江大学，2013.

[115] BROWN T C，DANIEL T C. Modeling forest scenic beauty：Concepts and application to ponderosa pine[J]. Rocky Mountain Forest and Range Experiment Station，1984（256）：35.

[116] 方杰，温忠麟，张敏强，等. 基于结构方程模型的多重中介效应分析[J]. 心理科学，2014（3）：735-741.

[117] SCOPELLITI M，GIULIANI M V. Choosing restorative environments across the lifespan：A matter of place experience[J]. Journal of Environmental Psychology，2004，24（4）：423-437.

[118] KAPLAN R，KAPLAN S. The Experience of Nature：A Psychological Perspective[M]. Britain：Cambridge University Library，1989.

[119] STAATS H，HARTIG T. Alone or with a friend：A social context for psychological restoration and environmental preferences[J]. Journal of Environmental Psychology，2004，24（2）：199-211.

[120] KELLERT S R，WILSON E O. The Biophilia Hypothesis[M]. Washington，D. C.：Island Press，1995.

[121] ORGANIZATION W H. The World Health Report 1999[R]. Geneva：WHO，1999.

[122] 白皓文. 健康导向下城市住区空间构成及营造策略研究[D]. 哈尔滨：哈尔滨工业大学，2010.

[123] BARTON H，GRANT M，GUISE R. Shaping neighbourhoods[J]. Management of Environmental

Quality，2003，14（3）：425.

[124] 加文. 公园：宜居社区的关键[M]. 张宗祥，译. 北京：电子工业出版社，2013：125.

[125] 林琼婉. 人居环境与健康关系之研究[D]. 南京：南京中医药大学，2005.

[126] GERLACH-SPRIGGS N，KAUFMAN R E，WARNER J R S B. Restorative Gardens：The Healing Landscape[M]. New Haven：Yale University Press，2004.

[127] 彭慧蕴. 浪漫主义影响下的城市空间形态初探[D]. 重庆：重庆大学，2012.

[128] 侯深. 自然与都市的融合——波士顿大都市公园体系的建设与启示[J]. 世界历史，2009（4）：73-85.

[129] ROSENZWEIG R，BLACKMAR E. The Park and The People：A History of Central Park[M]. New York：Cornell University Press，1992.

[130] WHITEHOUSE S，VARNI J W，SEID M，et al. Evaluating a children's hospital garden environment：Utilization and consumer satisfaction[J]. Journal of Environmental Psychology，2001，21（3）：301-314.

[131] 马库斯，萨克斯. 康复式景观：治愈系医疗花园和户外康复空间的循证设计方法[M]. 刘技峰，译. 北京：电子工业出版社，2018.

[132] MARCUS C C，BARNES M. Gardens in Healthcare Facilities：Uses，Therapeutic Benefits，and Design Recommendations[M]. Concord：Center for Health Design，1995.

[133] MARCUS C C. Help with healing[J]. Green Places，2005，11：26-29.

[134] 李树华. 尽早建立具有中国特色的园艺疗法学科体系（上）[J]. 中国园林，2000，16（3）：17-19.

[135] 许从宝，仲德，李娜. 当代国际健康城市运动基本理论研究纲要[J]. 城市规划，2005（10）：52-59.

[136] 李红娟. 体力活动与健康促进[M]. 北京：北京体育大学出版社，2012.

[137] DE VRIES S，VAN DILLEN S M，GROENEWEGEN P P，et al. Streetscape greenery and health：Stress，social cohesion and physical activity as mediators[J]. Social Science and Medicine，2013，94：26-33.

[138] STAATS H，GATERSLEBEN B，HARTIG T. Change in mood as a function of environmental design：Arousal and pleasure on a simulated forest hike[J]. Journal of Environmental Psychology，1997，17（4）：283-300.

[139] BERG A E V D，KOOLE S L，WULP N Y V D. Environmental preference and restoration：（How）are they related?[J]. Journal of Environmental Psychology，2003，23（2）：135-146.

[140] CASPERSEN C J，POWELL K E，CHRISTENSON G M. Physical activity，exercise，and physical fitness：Definitions and distinctions for health-related research[J]. Public Health Reports，1985，100（2）：126-131.

[141] SHAW K A，GENNAT H C，O'ROURKE P，et al. Exercise for overweight or obesity[J]. Cochrane Database of Systematic Reviews，2006（4）：CD003817.

[142] NOCON M，HIEMANN T，MÜLLER-RIEMENSCHNEIDER F，et al. Association of physical activity with all-cause and cardiovascular mortality：A systematic review and meta-analysis[J]. European Journal of Cardiovascular Prevention and Rehabilitation，2008，15（3）：239-246.

[143] RICHARDSON E A，PEARCE J，MITCHELL R，et al. Role of physical activity in the relationship between urban green space and health[J]. Public Health，2013，127（4）：318-324.

[144] VAN HERZELE A，DE VRIES S. Linking green space to health：A comparative study of two urban neighbourhoods in Ghent，Belgium[J]. Population and Environment. 2012，34（2）：171-193.

[145] PENNEBAKER J W，LIGHTNER J M. Competition of internal and external information in an exercise setting[J]. Journal of Personality and Social Psychology，1980，39（1）：165.

[146] TROPED P J，SAUNDERS R P，PATE R R，et al. Correlates of recreational and transportation physical activity among adults in a New England community[J]. Preventive Medicine，2003，37（4）：304-310.

[147] DE BOURDEAUDHUIJ I，TEIXEIRA P J，CARDON G，et al. Environmental and psychosocial correlates of physical activity in Portuguese and Belgian adults[J]. Public Health Nutrition，2005，8（7）：

886-895.

[148] MAAS J，VERHEIJ R A，SPREEUWENBERG P，et al. Physical activity as a possible mechanism behind the relationship between green space and health：A multilevel analysis[J]. BMC Public Health，2008，8（1）：206.

[149] KORPELA K，BORODULIN K，NEUVONEN M，et al. Analyzing the mediators between nature-based outdoor recreation and emotional well-being[J]. Journal of Environmental Psychology，2014，37：1-7.

[150] ECHEVERRÍA S，DIEZ-ROUX A V，SHEA S，et al. Associations of neighborhood problems and neighborhood social cohesion with mental health and health behaviors：The multi-ethnic study of atherosclerosis[J]. Health and Place，2008，14（4）：853-865.

[151] KIM D，KAWACHI I. A multilevel analysis of key forms of community-and individual-level social capital as predictors of self-rated health in the United States[J]. Journal of Urban Health，2006，83（5）：813-826.

[152] WOOD L，GILES-CORTI B. Is there a place for social capital in the psychology of health and place?[J]. Journal of Environmental Psychology，2008，28（2）：154-163.

[153] SULLIVAN W C，KUO F E，DEPOOTER S F. The fruit of urban nature vital neighborhood spaces[J]. Environment and Behavior，2004，36（5）：678-700.

[154] SEELAND K，DÜBENDORFER S，HANSMANN R. Making friends in Zurich's urban forests and parks：The role of public green space for social inclusion of youths from different cultures[J]. Forest Policy and Economics，2009，11（1）：10-17.

[155] 马铁丁. 环境心理学与心理环境学[M]. 北京：国防工业出版社，1996.

[156] 布思. 风景园林设计要素[M]. 曹礼昆，曹德鲲，译. 北京：中国林业出版社，2006.

[157] 俞国良. 环境心理学[M]. 北京：人民教育出版社，2000.

[158] 徐磊青，杨公侠. 环境心理学：环境，知觉和行为[M]. 上海：同济大学出版社，2002.

[159] 林玉莲，胡正凡. 环境心理学[M]. 北京：中国建筑工业出版社，2006.

[160] MACHAMER P，DARDEN L，CRAVER C F. Thinking about mechanisms[J]. Philosophy of Science，2000，67（1）：1-25.

[161] BRONFENBRENNER U. Toward an experimental ecology of human development[J]. American Psychologist，1977，32（7）：513-531.

[162] 温忠麟，叶宝娟. 中介效应分析：方法和模型发展[J]. 心理科学进展，2014，22（5）：731-745.

[163] ZUBE E H，SELL J L，TAYLOR J G. Landscape perception：Research，application and theory[J]. Landscape Planning，1982，9（1）：1-33.

[164] 杨公侠. 视觉与视觉环境[M]. 上海：同济大学出版社，2002.

[165] ZHENG B，ZHANG Y，CHEN J. Preference to home landscape：Wildness or neatness?[J]. Landscape and Urban Planning，2011，99（1）：1-8.

[166] GARCÍA L，HERNÁNDEZ J，AYUGA F. Analysis of the materials and exterior texture of agro-industrial buildings：A photo-analytical approach to landscape integration[J]. Landscape and Urban Planning，2006，74（2）：110-124.

[167] REAL E，ARCE C，SABUCEDO J M. Classification of landscapes using quantitative and categorical data，and prediction of their scenic beauty in north-western spain[J]. Journal of Environmental Psychology，2000，20（4）：355-373.

[168] 张婷，罗涛，甘永洪，等. 景观元素视觉特性对其感知优先度的影响分析[J]. 环境科学研究，2012（3）：297-303.

[169] SHAFER E L，HAMILTON J F，SCHMIDT E A. Natural landscape preferences：A predictive model[J]. Journal of Leisure Reearch，1969，1（1）：1-19.

[170] NATORI Y，CHENOWETH R. Differences in rural landscape perceptions and preferences between farmers and naturalists[J]. Journal of Environmental Psychology，2008，28（3）：250-267.

[171] STAMPS A E. Demographic effects in environmental aesthetics：A meta-analysis[J]. Journal of Planning Literature，1999，14（2）：155-175.

[172] LACHOWYCZ K，JONES A P. Greenspace and obesity：A systematic review of the evidence[J]. Obesity Reviews，2011，12（5）：e183-e189.

[173] MACKINNON D P. Introduction to Statistical Mediation Analysis[M]. New York：Routledge，2008.

[174] BOLLEN K A. Structural Equations with Latent Variables[M]. New York：John Wiley & Sons，1990.

[175] 谭志军. 人群健康测量与评价方法研究——复杂抽样与 EQ-5D 测量[D]. 西安：中国人民解放军空军军医大学（第四军医大学），2014.

[176] BOOMSMA A. Nonconvergence，improper solutions，and starting values in LISREL maximum likelihood estimation[J]. Psychometrika，1985，50（2）：229-242.

[177] SCHUMACKER R E，LOMAX R G. A Beginner's Guide to Structural Equation Modeling[M]. London：Psychology Press，2004.

[178] 吴明隆. 问卷统计分析实务：SPSS 操作与应用[M]. 重庆：重庆大学出版社，2010.

[179] 吴明隆. SPSS 统计应用实务：问卷分析与应用统计[M]. 北京：科学出版社，2003.

[180] BAGOZZI R P，YI Y. On the evaluation of structural equation models[J]. Journal of the Academy of Marketing Science，1988，16（1）：74-94.

[181] 许靖涛. "魅力网" 概念下的景区边缘旅游服务型城镇规划方法探讨[D]. 重庆：重庆大学，2010.

[182] 谭少华，彭慧蕴. 袖珍公园缓解人群精神压力的影响因子研究[J]. 中国园林，2016（8）：65-70.

[183] 杨鑫. 经营自然与北欧当代景观[M]. 北京：中国建筑工业出版社，2013.